新
思
THINKR

有思想和智识的生活

生命是什么

40亿年生命史诗的开端

[以色列]
埃迪·普罗斯
(Addy Pross)
——著

袁祎
——译

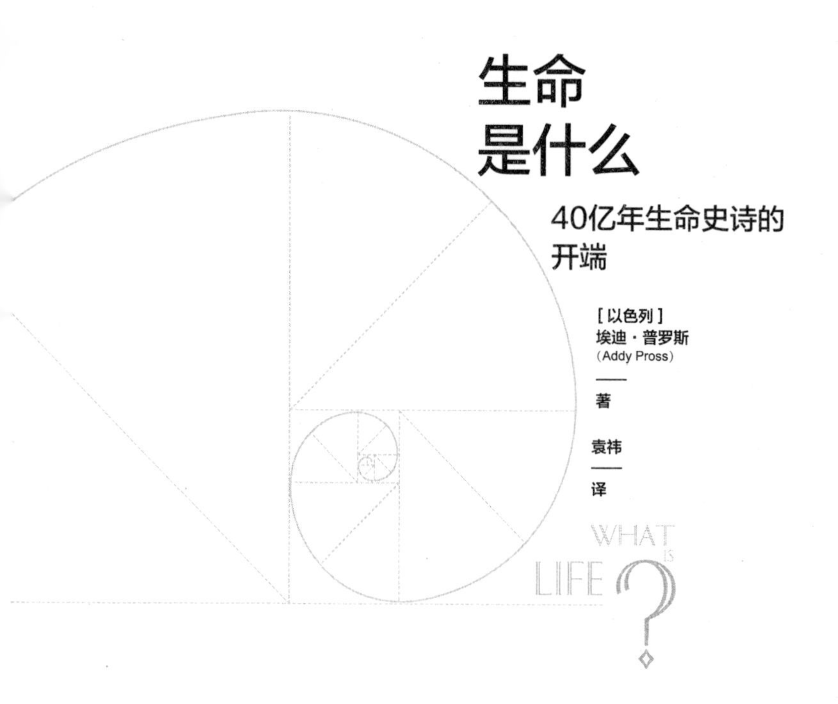

中信出版集团·北京

图书在版编目（CIP）数据

生命是什么：40亿年生命史诗的开端 /（以）埃迪·普罗斯著；袁祎译 .-- 北京：中信出版社，2018.12

书名原文：What is Life?: How Chemistry Becomes Biology

ISBN 978-7-5086-8902-9

I. ① 生… II. ① 埃… ② 袁… Ⅲ . ①生命科学－普及读物 Ⅳ . ① Q1-0

中国版本图书馆 CIP 数据核字（2018）第 089072 号

生命是什么：40 亿年生命史诗的开端

著　　者：[以色列] 埃迪·普罗斯

译　　者：袁祎

出版发行：中信出版集团股份有限公司

（北京市朝阳区惠新东街甲 4 号富盛大厦 2 座　邮编　100029）

承 印 者：北京盛通印刷股份有限公司

开　　本：787mm×1092mm　1/32　　印　　张：7.75　　字　　数：148 千字

版　　次：2018 年 12 月第 1 版　　印　　次：2018 年 12 月第 1 次印刷

京权图字：01-2018-5250　　广告经营许可证：京朝工商广字第 8087 号

书　　号：ISBN 978-7-5086-8902-9

定　　价：48.00 元

目 录

序

我整个下午都在津津有味地思考生命。如果你仔细想一想，就会发觉，生命是多么奇妙的事物！你知道吗，它和世间其他事物是如此不同，希望你明白我为什么这么说。

——佩勒姆·格伦维尔·沃德豪斯

（P. G. Wodehouse）

这本书主要关注的是一些基本问题，数千年来，它们一直困扰并折磨着人类。对这些问题的思考可以追溯到人类对自己在宇宙中位置的探索，即对生命体与无生命物体之间关系的追问。无论我们怎么强调确切回答这些问题的重要性，都不会言过其实，这些问题的答案不仅将揭示我们是谁、我们是什么，而且将影响我们对整个宇宙的理解。宇宙是不是像人择原理（anthropic principle）[1]的支持者所指出的那样，通过精密的调控支持着生命体的运作呢？又或者，人类在宇宙中的位置是不是更接近哥白尼的（Copernican）看法呢？用知名物理学家斯蒂芬·霍金（Stephen Hawking）的话来说，“人类不过是生活在一颗中等大小行星上的化学废料”。我们恐怕再也找不到比这两种观点差别更大的看法了。

20世纪40年代，另一位著名的物理学家埃尔温·薛定谔（Erwin Schrödinger）撰写了一本标题引人注目的书——《生命是什么》（*What is Life?* ）。该书在一开头便谈到了这个问题，薛定谔写道：

> 在一个有机体的空间范围内，发生在时间和空间中的事件该如何用物理和化学来描述？初步的答案……可以概括如下：当今的物理和化学虽然在描述这些事件上无能为力，但并不代表这样的事件不能被这些科学所描述。

[1] 人择原理最早由天体物理学家布兰登·卡特（Brandon Carter）于1973年提出，该理论认为物质宇宙必须与观测它的智能生物相匹配，即如果宇宙不是我们现在看到的样子，那么我们便不会存在。该观点被视为哥白尼原理的反面。——译者注

几十年过去了，虽然这些年来伴随着诺贝尔奖获奖名单不断加长，人类在分子生物学领域获得了巨大的进步，但是我们仍然困扰于薛定谔那简单而直接的问题，它的确让人感到困惑。20世纪顶尖的生物学家卡尔·乌斯（Carl Woese）甚至声称，当前生物学所处的状态正类似于20世纪初期的物理学。在20世纪初，阿尔伯特·爱因斯坦（Albert Einstein）、尼尔斯·玻尔（Niels Bohr）、埃尔温·薛定谔和其他伟人的物理学家还没有完成对物理学的变革，而现在，生物学的变革也还没有完全实现。这确实是一个颇为激进的看法！不过令人失望的是，现代生物学仿佛心满意足地漫步于当前机械式的研究道路上，大多数从业人员对于要求重新审视学科的尖锐呼声，不是无知无觉就是漠不关心。

没错，身处于现代的我们明确地知道生命冲力（élan vital）[2]是不存在的。生命体和非生命体一样，都由没有生物活性的“死”分子构成，但是这些分子在一曲完整的“生命大合奏”中相互作用的独特方式，形成了十分独特的结果——包括我们在内的所有生命体的诞生。尽管半个世纪以来分子生物学取得了巨大进步，但是我们依然不知道生命是什么，它与

[2] 生命冲力由法国哲学家亨利·柏格森（Henri Bergson）于1907年在其著作《创造进化论》（*Creative Evolution*）中提出，这一概念为有机体的进化与发展提供了一种假设性的解释，柏格森认为进化不完全是一个机械式的过程，并将进化与生命本身的“意识”联系起来。目前科学界的共识认为生命体中并不存在所谓的生命冲力。——译者注

没有生命的世界有何关联，又是如何出现的。诚然，半个世纪以来为了解决这些基本问题，人们投入了相当大的努力，但是那通往“应许之地”的大门却仿佛依然遥不可及。就像沙漠中的海市蜃楼一样，地平线处那象征着绿洲的棕榈树在闪烁着微光，当这一切仿佛触手可及的时候，这景象又消失了，徒留我们去体会对未知世界难耐的饥渴和无法满足的冲动。

所以，到底是什么造成了这持久且令人不安的困境？为了简单地阐明问题所在，请思考下面这个虚构的场景：你行走在一片原野上，这时你忽然看到了一台冰箱。这台冰箱功能完好，里面还放着几瓶冰镇啤酒。不过，一台位于原野中央且没有与任何外界能量源相连接的冰箱是如何运作的，它又如何维持内部的低温呢？它为什么会在那里，又是怎么到那里去的？你更仔细地去观察，终于发现冰箱顶部有一块与电池相连的太阳能板，太阳能板给维持冰箱正常运作的压缩机提供所需的能量。于是冰箱运作的谜题解开了。冰箱通过光伏板获取太阳能，因此太阳就是使冰箱运作的能量源。这能量使得压缩机能够将制冷剂泵为吸收了冰箱内热量的高温蒸汽，这由冷到热的过程与自然状态下的热量流动过程恰好相反。所以，尽管自然的规律是让冰柜内外的温度趋于平衡，但这个我们称作“冰箱”的物体通过一个功能性的设计，让我们能将饮食储藏在宜人的低温环境下。

但我们还没有弄清楚为什么冰箱会出现在那里。是谁把它放在那儿的？他又为什么要这样做呢？现在如果我告诉你没有人把冰箱放在那里，这冰箱是通过自然的力量自发产生的，你或许会露出难以置信的表情。多么荒谬！这不可能！自然不是这么运作的！大自然不会自发地生成高度组织化、远离平衡态且具有目的性的实体，比如冰箱、汽车、电脑等。这些物体都是人类设计的产品，它们刻意且具有目的性。大自然如果真的具有某种倾向的话，则倾向于将系统推向平衡态，推向无序和混乱而不是秩序和功用——果真如此吗？

简单的事实就是，哪怕是像细菌细胞一样最基本的生命系统，都是一个高度组织化、远离平衡态的功能性系统，这系统从热力学的角度来说和一个冰箱的运作方式类似，但是其复杂性却高了好几个数量级。冰箱充其量不过涉及数十个元件之间的互动与合作，而在一个细菌细胞中则存在成千上万个不同分子和分子聚合物之间的互动，有的分子本身就具有惊人的复杂性。这一切都发生在数千个同步进行的化学反应网络内。在冰箱的例子中，冰箱的功能显而易见是通过将热量从低温的内部泵到高温的外部，从而保证冰箱中的啤酒和其他东西处于低温的状态。但具有有序复杂性的细菌细胞又有什么功能呢？简单来说，我们可以通过观察它的行为来判断它的功用，就像我们通过观察冰箱的运作从而发现其用处一样，通过研究细胞的行为，我们可以发现它的功能或者说目的。那么通过研究，我们发现了什么结果呢？每一个活细胞都是一个高度组织化的工厂，正如任何一个人造的工厂一样，它需要与能量源和能源产生器相连接来保证其运行。一旦能量源被切断，工厂将立刻停止运行。这个迷你工厂通过利用能源产生器产生的能量，将原材料转化为许多功能性元件，这些元件将被组装起来，用于生产工厂的产品。这个高度组织化的纳米级别细胞工厂都生产些什么呢？更多的细胞！每个细胞到头来都是一个为了生产更多细胞的高度组织化的工厂！诺贝尔奖得主、著名生物学家弗朗索瓦·雅各布（François Jacob）就曾富有诗意地描述过这个事实："每个细胞的梦想都是变成两个细胞。"

关于生命的主要问题就在于此，正如我们会觉得冷藏室、集能设备、电池、压缩机和制冷剂等部件能自发地组装成一台功能正常的电冰箱是一件令人难以置信的事情，即使所有的部件都已经齐备，一个自发形成的高度组织化、远离平衡态的微型化学工厂同样令人难以置信。不仅基本常识告诉我们一个高度组织化的个体不会自发形成，一些基本的物理学法则也反复说明着同样的道理。系统倾向于朝着混乱和无序的状态发展，而不是秩序和功用。也难怪 20 世纪最伟大的物理学家们如尤金·维格纳（Eugene Wigner）、玻尔、薛定谔等都觉得这个问题十分令人困惑。生物学和物理学在这个问题上似乎互相矛盾，难怪智能设计论（Intelligent Design）[3]的鼓吹者们能到处兜售他们的观点。

活细胞的存在本身所包含的悖论就具有重大的意义。这意味着研究生命的出现这一问题并不像追溯某个家族的源流那样，它不是个人在历史兴趣下展开的隐秘活动。只有解释了生命的产生背后存在的悖论，我们才能理解生命是什么。也只有在理解的基础上，我们才能为这被称作"生命"的化学系统的产生提出一个合理的解释。

这本书的目的是重新审视这个引人入胜的话题，并证明我们能够勾勒出那控制着所有生命的出现、存在和本质的基本法则。有赖于当前化学界新领域的出现，即君特·冯·凯德罗夫斯基（Günter von Kiedrowski）提出的"系统化学"（Systems Chemistry）[4]，本书将描述我们如何连接起生物与化学之间的断层，**而作为生物学基本范式的达尔文主义，不过是自然力量的广泛物理化学特征在生物学上的体现。**我试

[3] 智能设计论认为，在自然系统中，有一些现象无法用无序的自然力量充分解释，因此这些特质应该是由某种智能体的设计而产生的。——译者注

[4] 系统化学是在合成化学的研究框架下，从系统的层次出发来研究广泛存在于生命科学中复杂现象的新领域。系统化学与传统合成化学的不同之处在于，在传统合成化学中，由化合物构成的混合物是需要被剔除的成分，而从系统化学的层面来看，这些混合物可能是系统运作的必要成分。——译者注

图融合生物学与化学的野心主要基于一个看法：我认为自然中存在一种被长期忽略的稳定性，我将这种稳定性称为**动态动力学稳定性**（dynamic kinetic stability，DKS）。如果将这种形式的稳定性糅合到达尔文主义的进化观中，可以产生一个囊括了生物和前生物系统的**广义进化论**（general theory of evolution)。有趣的是，查尔斯·达尔文（Charles Darwin）自己早已意识到可能存在这样一种具有普适性的生命法则。他在一封给乔治·沃利克（George Wallich）的信中写道：

> 我相信我曾经说过（但我找不到原文），根据连续性原理，在未来，生命的法则可能会被证明是某种普适规律的结果或者一部分。

这本书试图说明，查尔斯·达尔文的远见卓识是正确的，并且这种理论现在已经开始成形。我将论证，在物理与生物之间起到桥梁作用的科学——化学——能够回答这些有趣的问题，即便这答案还不够完备。对生命是什么的深刻理解，除了能回答我们是谁、是什么的问题之外，更将给我们带来对宇宙本质及其基本法则的洞见。

在撰写这本书的过程中，我曾从许多人的反馈和交流中获益。我特别希望感谢让·昂格贝尔（Jan Engberts）、乔尔·哈普（Joel Harp）、斯伯伦·奥托（Sijbren Otto）和里奥·拉多姆（Leo Radom）为这本书的初稿提出的详细建议和批评。我还要感谢米切尔·格斯（Mitchell Guss）、杰拉尔德·乔伊斯（Gerald Joyce）、埃利奥·马蒂亚（Elio Mattia）、埃莉诺·奥尼尔（Elinor O'Neill）、戴维·奥尼尔（David O'Neill）和彼得·斯特拉热夫斯基（Peter Strazewski）为本书做出的总体评价，还有戈嫩·阿什克纳西（Gonen Ashkenasy）、斯图尔特·考夫曼（Stuart Kauffman）、君特·冯·凯德罗夫斯基、肯·克拉亚夫德（Ken Kraaijeveld）、普里·洛佩斯–加西亚（Puri Lopez-Garcia）、梅厄·拉艾（Meir Lahav）、米凯尔·迈勒（Michael Meijler）、凯帕·鲁伊斯–米拉索（Kepa Ruiz-Mirazo）、罗伯特·帕斯卡尔（Robert Pascal）、厄尔什·绍特马里（Eörs Szathmáry）、伊曼纽尔·坦嫩鲍姆（Emmanuel Tannenbaum）和纳撒尼尔·瓦格纳（Nathaniel Wagner）所贡献的珍贵讨论，这些讨论结果对我的理解有很大的帮助，还有我的妻子奈拉（Nella），我们之间的讨论、她敏锐的眼光和观点都极大地影响了这本书。最后，我特别希望感谢牛津大学出版社的编辑拉塔·梅农（Latha Menon），她对科学深刻的理解和出色的编辑能力，保证了这本书不会被不必要的生物学术语所淹没，她为这本书的最终成型做出了重要的贡献。当然，书中所有的讹误完全由我自己负责。

第1章

生命体是如此奇妙

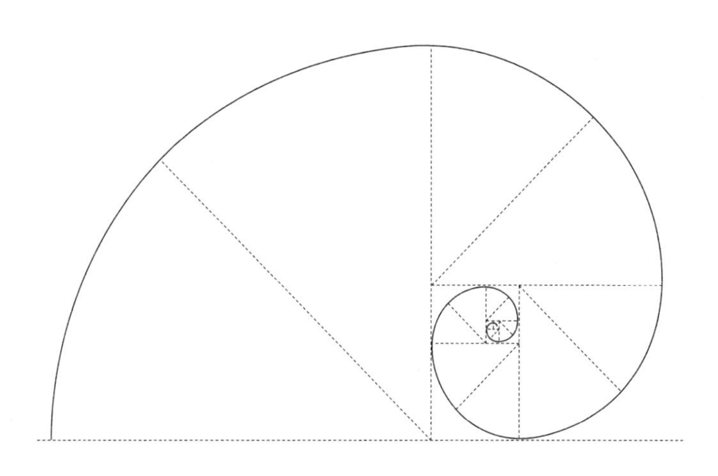

有生命和无生命的个体之间存在着惊人的差异，不过这两种物质形式之间确切的联系却让人难以把握。尤其是生命体中那精密而明显的设计，引发了人们源源不断的思考。生命的设计中所清晰展现出的创造力和准确性不亚于世界奇观。比如，眼睛精密的结构及其虹膜光圈、具有调节焦距能力的晶状体，以及连接到用于信息传输的视神经的光敏视网膜，都是大自然设计的经典范例。但这还仅仅是自然设计的冰山一角。随着分子生物学在过去六十余年的飞速发展，我们发现自然的设计能力远远超出了我们的想象。核糖体就是一个很好的例子，核糖体是存在于所有活细胞中的细胞器。它们在细胞中成千上万地存在，用于制造生命赖以生存的蛋白质分子。核糖体是一个高度组织化且精密的迷你工厂，它们高效地运作，通过连接上百个或更多的氨基酸，在短短几秒的时间内大量生产长链状的蛋白质分子。这个精密而高效的实体是一个直径 20 ~ 30 纳米的复杂化学结构，即仅仅 200

万～300万分之一厘米。试想一下，一个设备完善的工厂，却仅仅存在于一个肉眼完全看不见的微小结构中，这确实让人赞叹。所以，来自以色列魏茨曼科学研究所的阿达·约纳什（Ada Yonath）、剑桥大学分子生物学实验室的万卡特拉曼·拉马克希南（Venkatraman Ramakrishnan）和耶鲁大学的托马斯·施泰茨（Thomas Steitz），由于阐明了核糖体的结构与功能于2009年获得了诺贝尔化学奖。

和生命的设计能力同样让人叹服的是它惊人的多样性，这是人们灵感的持续来源。红玫瑰、长颈鹿、蝴蝶、蛇、红杉、鲸鱼、菌类、鳄鱼、蟑螂、蚊子、珊瑚礁等等，人们惊叹于自然的奇观及其不竭的创造力。自然界有上百万个物种，这还没包括一个隐秘的王国，也就是细菌的世界。那个看不见的王国本身就具有惊人且令人费解的多样性，而它才刚开始进入人们的视野。生命的设计和多样性不过是构成神秘而独特的生命现象的众多特质中的两种。生命的许多特征非常引人注目，不费吹灰之力就可以发现。比如你不可能忽视生命的独立性和目的性，就连我刚满两岁的孙女都不会忽视这些。她可以清晰地分辨出真正的狗和玩具狗。她会愉快地和玩具狗玩耍，但她会害怕真正的狗。她不确定有生命的狗会给她带来什么意外。她很快就意识到玩具狗的行为是可以预测的，而真正的狗则拥有自己的意识。

生命还有一些特质，是乍看之下不那么明显的（虽然实验室中的科学家一望便知），这些特质也不断地激发人们的求知欲，它们亟待科学的解释。所以，如果我们想理解生命是什么，我们最好以思考生命体和非生命体的区别为起点，开始我们探索的旅程。最终，要理解生命，我们必须要理解它们所具有的特殊性质，包括这些性质本身以及它们形成的历程。有些特质，就像我们即将看到的那样，可以从达尔文主义的角度来理解，尽管关于这种解释的争议依然存在；另外的一些特质却不能从这个角度来理解，它们的本质也始终令我们感到困扰。这些特质无疑曾困扰过 20 世纪伟大的物理学家们，包括玻尔、薛定谔和维格纳，因为它们似乎有悖于基本的现代科学原理。生命还有一些特质连生物学家们也完全束手无策。否则我们该如何理解卡尔·乌斯前段时间描述生命时所说的那段话呢？“有机体是汹涌的洪流中一种坚韧的模式——这是存在于能量流中的模式。”[1] 这个晦涩且近乎神秘的说法是由 20 世纪顶尖的分子生物学家所提出的，他也正是被称为“生命的第三王国”的古菌的发现者。乌斯的说法再次证明，生命的特质是一个棘手的问题。

所以，我们面前有这样一个有趣的现象：生物学家们致力于学习生命系统，他们能够深刻领会生命的复杂性，甚至已经成功触及了关键问题，却依然对什么是生命感到疑惑。

那些对大自然有深刻理解的物理学家也同样感到困惑。虽然他们都在努力地探索着生命问题的本质，但我们也只能说“生命是什么”这个延续了3 000年的谜题，至今仍然是一个谜。那么就让我们以思考生命与众不同的特征，以及这些特征为何如此奇妙为起点，开始我们探索的旅程吧。

生命的有序复杂性

生命体都是十分复杂的。实际上，理查德·道金斯（Richard Dawkins）在《盲眼钟表匠》（*The Blind Watchmaker*）中的第一句话就指出，我们动物是宇宙中最奇妙的事物。[2] 这句引人注目的开场白已经足以让我们意识到，生命一定有一些极为特别之处。但到底是什么让我们这些生命体如此特别？或者更准确地说，如此“复杂”？“复杂性”又意味着什么？我们可以说“复杂性”这个词语本身就很复杂——这听起来好像在兜圈子，“复杂性”这一概念至今既没有被准确定义，也没有在生物学领域被成功量化。那么，我们不妨先关注生命体的“高度有序性”这一特点——它体现了复杂性与生物学密切关联的部分。

在无生命的世界里，我们可以轻易地找到体现着复杂性的例子。一颗鹅卵石形态的复杂性来自其不规则的形状。如果要精确地描绘它们的形状，我们需要更多的信息——它们的形状越是不规则，我们所需要的信息也就越多。在某些情况下，我们甚至需要知道鹅卵石表面棱角的物理位置。但最重要的一点是，鹅卵石的不规则性，即它们复杂性的来源，是“随意”的。某一块鹅卵石可能是不计其数、形态各异的鹅卵石中的一枚，但无论它形态如何，都不会改变它是鹅卵石这一本质，也就是说，决定鹅卵石之所以为鹅卵石的并不是它不规则的形态。与之不同的是，在生命体的世界里，复杂性没有这么随意，它反而非常确定。在生命有序的复杂性中哪怕做出最微小的改变，都可能带来无法预料的后果。比如，在人类的 DNA（脱氧核糖核酸）序列中做出一个微小的改变，哪怕仅仅改变了 DNA 序列 30 亿个组成单位中的一个，都有可能导致成百上千的基因疾病，比如镰状红细胞贫血症、囊性纤维化和亨廷顿病（又称“慢性进行性舞蹈病”）。这些在生命体的复杂结构中的细微改变会减弱生命体的生存能力，在极端的情况下，甚至会使生命体死亡。

非同寻常且令人困惑的一点是，这种有序的复杂性也存在于微小如细菌细胞的个体中，这些细胞的宽度不过是 1 毫米的千分之一。从各方面来看，细菌细胞都仿佛一个精密的纳米级工厂。“纳米级”指的是这个工厂里的元件都只有分子的大小，即长度仅为 1 毫米的百万分之一。这个纳米级工厂包括了复杂但完善的化学反应网络。这些化学反应使细胞能够从环境中汲取能量，合成与储存不同形式的化学物质，并调控细胞机器以保证细胞的正常运作。它的功能我们可以无穷无尽地列举下去。细菌细胞不仅仅是了不起的化学家，更是伟大的物理学家。这个微观的个体采用了所有现存的机械手段——泵、转子、发动机、螺旋桨，甚至是用于裁切的剪刀，而这些结构的大小都是纳米级的。它们保证了细胞能够高效地发挥其功能，这样才能满足细胞的“意志”。

但是生命体无可争议的复杂性与非生命体的复杂性大相径庭。这个现象在让人们感到困惑的同时也带来了两个问题。其一，细胞的有序复杂性是如何维持的？其二，这种复杂性是如何产生的？有序复杂性和热力学第二定律这个宇宙的基本法则从本质上来说互相违背。虽然我们在这个阶段还不会细谈热力学第二定律，但是简单来说，热力学第二定律指出有序的系统都将自发地朝着混乱的状态发展。比起秩序，大自然好像更青睐混乱的状态，可以说，混乱就是一种自然的“秩序”。打个比方来说，我们手里有一副按顺序排列的扑克牌，它们按牌面由大到小排列，先是两对 A，然后是两对 K，两对 Q，依此类推，排在最后的是两对 2。我们只要洗牌，这些牌的顺序自然就被打乱了。你几乎可以确定此时这副牌的顺序是随机排列的，而形成具有某种规律序列的可能性非常小。我书桌的日常状态也是一个很好的例证：无论我多么频繁地整理我的书桌，它总是很快就回到了之前乱七八糟的样子。然而，在生命体中，高度有序的状态对保证生命功能的正常运行而言十分关键，这种有序性的维持也是十分精准的。有一个生物学术语专门用来形容这种有序的状态：稳态（homeostasis），该词源自表示“静止不动”的希腊词。

那么，在重要的物理和化学法则不断削弱这种有序复杂性的情况下，细胞又是如何维持其有序复杂性的呢？至少在热力学第二定律的语境下，这个问题回答起来比较简单：活细胞通过不断利用能量来维持其结构的组织和完整性，我们可以将这称为细胞的**运作模式**。这也是我们必须要进食才能够生存的原因——只有这样身体才能获得必要的能量，从而确保维持生命稳态的调控机制能顺利进行。这也解释了为什么我的书桌会时不时地变得整洁——因为每当书桌乱到影响我正常工作时，我便会消耗能量去整理书桌让其恢复秩序井然的状态。所以，从热力学的角度来说，生命有序的高能量状态不存在任何矛盾之处，就像汽车能够抵抗地心引力而向上坡行驶，还有电冰箱能在外部的热量不断流向内部的情况下维持内部的低温状态一样合情合理。上坡行驶的汽车和内部低温的冰箱通过不断利用能量来维持它们不稳定的能量状态。在汽车的例子中，能量来源于汽车发动机中燃烧的汽油，而在冰箱的例子中，冰箱压缩机运作的能量源是电力。从能量的角度进行类比，人体通过利用外界能量源来维持其高度有序的状态，而这个能量源就是我们从食物中获得的化学能，如果我们食用的是植物，那么这能量源就是由叶绿素所捕获的太阳能。总的来说，这一过程中没有太大的问题。

不过，一个更有难度的问题是，最简单的生命系统中，最初的组织是如何产生的。虽然人们普遍认为达尔文主义的进化论可以解释生物复杂性的出现，但事实却不然。达尔文主义的进化观可以宽泛地解释一个简单的单细胞有机体（我们也可以将其称为微生物“亚当”）是如何演变成大象、鲸鱼或人类的。但是，达尔文的理论并不能解决原始的生命体是如何出现的这个问题。所以，这恼人又亟待解决的问题便是：**一个能够进化的系统从一开始是如何产生的**？达尔文提出的进化论是一个**生物学**理论，他主要处理的是**生物系统**的问题。但生命的起源是一个**化学**问题，而化学问题只有通过化学（或是物理）理论才能找到最佳的解决方式。至于为何用生物学的概念来解释化学现象在方法论上存在缺陷，我们会在下文谈到，在某种程度上，这种研究方法是导致生命起源问题走入“死胡同”的原因之一。

显而易见，达尔文本人明确回避了生物起源这一问题。

他承认在当时的知识发展状态下，提出这个问题的时机还不成熟，当时这个问题的解决看上去仿佛遥遥无期。所以，第一个微观的复杂结构体是如何产生的？这个问题至今富有争议且令人困惑。难道那像精密工厂一样的活细胞完全是由细胞前体随机组装而成的吗？仅仅由那些各式各样的零部件随机组合就能形成恰到好处的结构吗？这种情况不太现实。著名宇航员弗雷德·多伊尔（Fred Doyle）曾打过这样一个比方：这种情况发生的可能性，和一阵狂风刮过垃圾场后自动组装起一架波音 747 差不多。生命体的有序复杂性很奇怪，非常奇怪，而它的产生甚至更加奇怪。

生命的目的性特征

生命的目的性特质是生命系统有序复杂性的一个方面，人类数千年来早已明确意识到了这一特质的存在。生命的目的性特质是如此明晰，以至于生物学家们专门想出了“目的性”这个术语来描述它。目的性大约在半个世纪之前被提出，为了将其与“目的论”相区分，目的性的英文后缀暗示了某种宇宙规律的存在。[1] 我们将在第 2 章和第 8 章中详细描述

[1] 目的性（teleonomy）的后缀“-nomy”暗含有某种普适性规律和法则的意思。目的论（teleology）的后缀“-logy”则多指某个学科分支或具体的学科对象。——译者注

这两个术语之间的关联。目前，就让我们简单地记住，目的性作为一个生物学现象从经验上来说是确凿无疑的。所有生命的行为背后仿佛都有某种目的，而目的性这一术语不过描述了这种显而易见的行为模式罢了。所有生命体都忙于各自的活计，筑巢、收集食物、保护幼崽，当然还有繁殖。事实上，正是这种行为模式让我们能在生物世界中大致理解并预测事件。比如，我们能理解一位哺育后代的母亲，我们不会（至少知道不应该）分离母熊和它的幼崽；我们明白两个雄性生物为什么会为了雌性而相互竞争；我们也知道流浪猫为什么会在垃圾桶中翻翻拣拣。依据生命的目的性特征，我们光凭直觉就可以理解生物世界的运作（当然也包括人类活动）。

相比而言，要理解和预测发生在非生物世界里的事件，要依据的法则就颇为不同。非生物的世界里不存在目的性，只有物理和化学定律。比如，你朝空中扔了一个球，那么这个球会落在什么位置呢？我们不能通过思考球的意图来计算出它准确的落点。球不具有任何目的性。这个问题只有通过牛顿运动定律才可以解决。当你将化学物质混合到一起时，这些化学物质将如何反应并会生成什么样的物质呢？根据这个问题的性质，你会利用适当的化学法则来做出合理的预测。这些例子中物质的行为没有目的，没有意图，其运作只依据自然的法则。关于非生物世界中物质的“目的”这种说法，早在 17 世纪现代科学革命中就被破除了。

但目的性的存在，将我们引向了一个非常奇怪，甚至是怪异的现状：从某种根本意义上，我们好像同时生活在两个被各自的规则所控制的世界里。非生物的世界由物理和化学定律控制，而生物世界则按照目的性的规则来运行。确实，鉴于这两个世界彼此不同，我们和这二者之间的互动也有不同之处。试想一下我们和非生物世界之间的互动。我们在必要的时候会从一个地方搬迁到另一个地方；我们在天冷的时候会为身体保暖；我们在下雨的时候不让自己被淋湿；我们建造起封闭的物理空间来保护自己并且在其中生活；尽管有重力的作用，我们还是学会了上坡；我们还会生火做饭、制作工具、修补漏雨的屋顶、避免受到物理伤害等等。我们所有和非生物世界的互动都基于一个认知，那就是宇宙的运行受到某种自然法则的控制，而这些法则主要可以通过物理知识来描述。理解这些法则能帮助我们避开麻烦，如果我们善于利用自然的**运作模式**，我们甚至可以更高效地实现生活中的目标。这实际上就是科技的本质，即创造有益的方式来利用自然法则的系统。

我们与生物世界之间的互动则颇为不同，而且远比与非生物世界的互动要复杂。就像我们先前提到的那样，生物世界是符合目的性的，所有生物都忙于实现自己的目的，而它们在这么做的过程中也就不得不考虑其他生命体的目的。因此，生命体之间形成了一个彼此间行为互相依赖的互动网络。再想想人类，我们通过语言、文字和动作与我们的家人、同事和社会中的其他人进行无数的互动。这些互动有时是为了合作，有时是为了竞争。比如，我们在咖啡店买一杯卡布奇诺，又或是去理发店理发，这都属于合作性互动；在市场里为了某个物件讨价还价，抑或是抵抗入侵者，这都属于竞争性互动。当我们每个人在追寻生命的意义或是目标时，这两种互动方式在我们的生活中无处不在。我们也不断地与许多非人类的生命形式互动。我们所需的营养来自包括动物和植物在内的其他生物，并且我们会保护自己以免受到其他生物的袭击，除了多细胞的熊、鲨鱼、蛇、苍蝇或蜘蛛之外，还有单细胞的各种细菌。许多人类与非人类生物之间的互动是合作性的，比如我们喂养的宠物狗会陪伴我们，并且会在看到入侵者时警示我们；我们的肠道为数百万细菌提供了生存环境，作为回报这些细菌也协助我们进行消化和实现其他功能。

我们对这两种不同的互动方式是如此习以为常，以至于我刚才举的那些区别明显的例子，都被我们视作理所当然。我们容易接受熟悉的现象，而不是去怀疑它。但如果我告诉你，所有火星上的物质都遵循一套法则，而金星上的物质都遵循另一套不同的法则，你可能会觉得很吃惊。“怎么会这样呢？两种物质形式怎么会各自遵循一套独特的法则呢？”所以，地球上生命和非生命两种物质形式遵循不同的规律，并且二者之间不断发生物质交换（非生命物质可以转变为生命物质，反之亦然）的现象需要有一个合理的解释。大自然中这鲜明的二重性是如何共存的？这现象又意味着什么？

在进行深入探讨之前，请先让我把一个问题说清楚：显而易见，在遵循目的性的生物世界中，控制非生物世界的物理化学原则依然适用。我们不用怀疑这一点。地心引力对一个摔下楼梯的人和一包从架子上掉下来的糖作用是一样的。但这样的自然法则在处理生命系统的某些问题上，并没有太大的帮助。比如，当你和邻居就某个财产问题发生纠纷时，当你的过期证件需要更新时，又或是当你在抵抗一只富有攻击性的恶犬时，地心引力和热力学第二定律起不到什么作用。在生命的世界里，这些自然法则不具备什么有助于预测的价值。当然，这些法则依然适用，但它们在处理这些问题时仅处于次要的位置。仿佛另有一套更具有主导性的规则绑架并压制住了物理与化学的规则。如果你想预测一头埋伏的狮子会采取什么行动来袭击一头毫无防备的斑马、一位母亲会怎样照料年幼的后代、一位律师将如何代表愤愤不平的客户来发起诉讼，那么在这些情况下，物理与化学没有办法处理这些由目的性主导的行为。无论是物理学家还是化学家，都无法对这些行为做出有效的预测。如果你想预测那些生物世界中即将发生的事情，你会根据不同事件的性质去咨询生物学家、心理学家、经济学家、律师或者其他目的性专家。

所以，比起物理化学世界，人类更了解目的性的世界，这一事实就不让人感到惊讶了。试想一下，大学里以不同领域为研究中心的院系设置。人文、贸易和法学的学院都投身于研究目的性的世界（还有医学院，但是程度要稍浅一些）。但仅有自然科学一个学院研究自然世界，而这个学院中也还有生物系在笨拙地探索目的性的世界，试图弄明白我们是否应该以及能否解决存在于这两个世界中的悖论。我们目前面临着一个不容忽视又令人费解的现实：那些主要由物理和化学所描述的自然法则，对处理目的性世界的问题无能为力，而我们自身也正是这目的性世界的一部分。

有趣的是，尽管难以否定生命系统的目的性特征，但一些生物学家依然很难在这个问题上达成共识。“目的”这个令人不安的词语尽管被包装成科学术语“目的性”，但依然让许多生物学家感到不安。科学革命颠覆了延续 2 000 年的目的论思想，所以生物学家对这种先前错误思想的残余有着高度的警觉，也不愿意去轻易接受这种思想。但目的性的存在确实不容否认，支持这个观点的证据无处不在且数不胜数，我们不能将它简单地弃之不理。

一个有趣的现实是，那些反对目的性的生物学家们在日常生活中，就在下意识地践行这个规律。他们就像我们所有人一样，依靠着目的性而生存。比如，每当我们开车时，我们都将生命赌在了目的性上！我们上车的目的是安全到达目的地。我们在路上要绕过无穷无尽的机械金属结构（也就是其他车辆），在路上肆意疾驰的行为会对人身安全造成很大的威胁。两个像汽车这样的金属结构相撞可以对个人造成巨大的灾难，但我们却欣然接受了这样的风险。为什么会这样呢？因为目的性。我们知道在每一个这样飞驰着的金属结构中都有一个司机，他们的目的和我们一样，那就是完好无损地到达目的地。虽然有时我们会遇到莽撞的司机，他们的行为看上去好像并不受目的性的控制。但大多数情况下，对我们大部分人来说，目的性的运行十分可靠。所以就像我们预期的那样，我们一般能够安全抵达目的地。因此，那些声称不相信目的性的人们实际上是目的性无声的信徒。我们日常打交道的世界由生物和非生物两个系统组成。对于非生物世界的问题，我们当然会采用物理和化学的法则来处理。但是，无论我们有没有意识到目的性的存在，如果我们不遵循其规律行事，那么我们在日常生活中简直寸步难行。毫无疑问，在生物世界中目的性才应该是我们做出预测和判断的依据。

也许，像我们人类这样的多细胞生物在行为上具有目的性的特征，这还不会多么令人惊讶。毕竟，我们人体是极其复杂的。我们拥有大脑和神经系统，所以我们可以说人类这种多细胞生物的目的性特征是神经复杂性的体现。但是，惊人之处在于并不仅仅是人类、猴子、骆驼等具有大脑和中枢神经系统的多细胞生物具有目的性的特征，这特征在单细胞的层面也十分明显！如果我们将一个细菌放到具有浓度梯度的葡萄糖溶液中，我们会发现那细菌将“游动”到葡萄糖浓度高的区域。这个现象叫作“趋化性”（chemotaxis）。细菌通过利用葡萄糖的化学能来为其新陈代谢提供能量，所以这种“趋化性”的行为对细菌来说就好像是出门吃晚餐一样，其行为本质与打算猎捕斑马的狮子无异。

当然，我们不能从字面的意思上来理解细菌细胞的“游动”。一个结构简单的细菌，比如大肠杆菌，是通过鞭毛来运动的。鞭毛旋转的方向决定了细菌将在溶液中朝着哪个方向移动。如果溶液中含有营养物，那么细菌鞭毛便会朝着一个方向旋转，以确保细菌朝着营养物的方向前进。但是，如果溶液中含有毒素，那么鞭毛便会向相反的方向旋转，让细菌翻转过来，从而朝着反方向运动。大肠杆菌这种定向“游动”的行为是再明显不过的：活细菌在没有大脑或者任何神经活动的情况下，这一团被细胞膜包裹的化学聚合物（细胞膜本身也是化学聚合物），能够追随着自己的生存目标来寻找食物，避开危险。其实，细菌和人类行为模式之间的差别并没有我们想象得那么大。

我们刚刚主要关注了活细胞行为中体现出的目的性特征，事实上，反映了这一特征的不仅仅是细菌的**行为**。正如前文所提到的那样，细胞那高度复杂的**结构**就是目的性特征最确切无疑的体现。细菌细胞中几乎所有组成部分都与某种细胞功能相关，就像一个钟表的所有零部件，比如钟摆、齿轮、弹簧、指针、钟柜等等都具有特定的功能。二者之间的差别仅在于，细胞结构的复杂性和精密程度要远远超过钟表。从 1953 年詹姆斯·沃森（James Watson）和弗朗西斯·克里克（Francis Crick）阐明遗传分子 DNA 的结构开始，许多诺贝尔奖都颁发给了研究细胞结构与功能的先驱者们，这证明了科学界对这些标志性科学成果的高度重视。哪怕是最简单的细胞都是目的性设计下的奇观，它们的精密程度和复杂性令人赞叹。最起码我们可以说：目的性在单细胞和多细胞层面的体现一样明显。无论你从哪个角度来观察生物世界，目的性都无处不在。

我们对目的性作为一个正确观念的确信引发了一个问题。我们相信物质世界是不存在生命活力（vital force）的，而且生命体都是由无生命的“死”分子组成的，那么这到底是怎么回事呢？这些没有活力的物质是怎么组成生命的？为什么竟会有自然形成的物质能根据自身的意志来行动？为何一块和细菌细胞差不多大小的糖晶体，会有和细菌细胞完全不同的行为模式？确实，糖晶体由一种有机化合物蔗糖所构成，而细菌细胞由数千个有机分子和分子聚合物结合并由细胞膜包裹而成，但复杂的有机混合物为何会与一种有机化合物蔗糖有如此不同的行为呢？我们可以确信，混合任意比例的有机物质肯定不能产生生命系统。

所以生命看似具有的**生命冲力**，也就是细菌细胞中明显存在的目的性特征，到底来源于哪里？其本质又是什么呢？为什么生物世界运行的法则看上去会与非生物世界不同？如果想要理解生命，我们必须用解释非生命系统的化学方法为生命系统的目的性特征提供合理的解释。仅用“复杂性”这个宽泛的理由来解释说目的性是“复杂系统所呈现出的性质”是浅薄且不具有说服力的。这种回答就好像在**生命冲力**这个错误的观念上套上了科学的外衣。我们在第 2 章将会谈到，法国生物学家雅克·莫诺（Jacques Monod）因为阐明 DNA 的复制过程及其在蛋白质合成中的作用而获得了诺贝尔奖，他曾对活细胞中复杂的化学活动表达过赞叹，但也对其中明显存在的悖论感到困惑。难怪 20 世纪伟大的物理学家们对物质世界中存在的行为二重性感到好奇又困惑。目的性的问题有着深刻的科学和哲学意义。如果我们真的相信生命体的物质本质，那么生命的目的性特征最终应该归因于某种具有目的性特征的物质，就像坚硬的盐晶体和柔软的橡皮球，它们的性质最终都可以归因于组成它们的物质。我们如果不理解目的性，就不能理解生命。所以，理解目的性就是我们理解生命的一部分，我将在第 8 章中提出目的性的物理化学特征和产生机制。

我们已经注意到，生物系统的行为和形式都具有目的性。但这目的究竟是什么？我们能明确地指出它吗？如果我们询问不同的人，他们生命的目标或意义是什么，我们将得到各式各样的答案。有人可能会说他们想环游世界，有人想挣很多钱，还有人想加入奥运会国家队，又或是结婚并生 10 个小孩，还有人想写一本关于生命本质的书。像这样的愿望清单可以无穷无尽地列下去。当然，一个人也可以同时拥有好几个目标。我们人类是一个躁动不安的物种，我们永远难以满足。但如果我们想了解生物的目的性，那么我们最好先观察最简单的生命形式，而不是复杂的多细胞生物。而最简单的生命形式莫过于原核细菌。我们将看到，这单个细胞的每一个行为和它复杂内部结构的每一个方面，都是符合目的性的。这个细菌细胞的所有目的性结构都指向了一个目标，那就是细胞分裂。当我们明白了单细胞生物的这一特点，我们可以推测出，多细胞生物也具有十分强烈的细胞复制冲动。说到底，许多生物一生的目标如果不是明确与繁殖相关，也都可以理解成为了实现繁殖而进行的间接行为。生命体，哪怕是最简单的生命体，都很奇怪，的确非常奇怪。

最后提一点关于目的性的现实及其能否作为一个科学概念的问题。有一种观点认为目的性不过是一个概念，它仅存在于我们的头脑中，而不是一个像重力一样的实际力量。但是，这种对概念与现实的区分可能并不如我们想象的那样站得住脚。的确，目的性是存在于我们头脑中的概念。目的性也确实是一种构想，一个能帮助我们更好地理解生物世界但从物理的角度不可捉摸的概念。不过，现在请思考一下牛顿所提出的万有引力，这难道不是一种实际存在的力吗？但是“实际存在”到底意味着什么？你见过、听过或者是触摸过这样的引力场吗？有没有一种科学仪器可以揭示出它的真实面目，比如说捕捉到它的图像？这些问题的答案是否定的。一个引力场无法用任何直接的方式来观察，它就像目的性一样，也是一个概念。引力场的概念对于我们的思考是有帮助的，我们可以通过它来解释诸如坠落的苹果等物理现象。但是在形而上学的层面上，引力和目的性一样都是一种协助我们组织和理解周围世界的构想。我们在第 3 章中将谈到的归纳法从本质上来说就是概念性的。所有推断出来的规则都是概念性的，它们除了存在于我们的头脑中之外无处可寻。实际上，引力的概念是可以被量化的，而目的性不可以。在科学界，可量化的概念的确比不可量化的概念更容易被接受。但这并不意味着一个可以被量化的概念比不能被量化的概念更“真实”。如果我们每天都在开车时把我们的生命赌在目的性上，那么即使它不能被量化，我们对它的真实性想必也颇为信服。

生命的动态特征

我们已经详细地讨论过活细胞是高度组织化的个体，并且将其与钟表之类的机械结构做出了比较。它们的组织性体现于其中所有的零部件都为整体的运行服务。钟表的部件令其可以实现显示时间的功能，而细胞的部件让它可以实现细胞复制的功能。当然，钟表是一个为了实现某种功能而制造出的组织化个体，并且是由人类制造的，而细菌细胞却是自发产生的。无论如何，将生命体与机器类比为我们理解生命系统提供了帮助，并让我们能继续探究细胞的功能，从而发现这个了不起的“机器”更精确的工作细节。但是，只要仔细观察这两种不同的“机器”，我们就会发现钟表和细胞的机械特征存在着明显的差异。在一块钟表里，直到零件被磨损到导致钟表无法正常运行为止，其中的零件都将维持原样。

钟表是一个静态的系统，其零部件是持久不变的。但每一个生命系统都是动态的，其各个部分都不断被更新。下面请让我来解释一下这个特征。

比如你遇到了一个多年不见的老朋友比尔，你和他打招呼说："嘿，比尔，好久不见，你看上去一点儿也没变！"你会这样说是因为比尔和记忆里你上次见到他的样子差不多。但惊人的事实是：那个站在你面前的人，他叫作比尔，他的模样和谈吐都和比尔一模一样，但是从物质层面来说，他已经和你以前见过的那个叫比尔的人完全不同了。从你上次与比尔会面到现在为止，几乎所有比尔的细胞都已经更新过了，几乎所有构成了比尔（以及你和我）的物质都更新过了。我们身体的某些部分，比如头发和指甲的更新是十分明显的。但是组成我们身体其他部分的更新都发生在我们的视野之外，它们悄悄地发生。就像所有人类一样，我们的身体由约 10 万亿（10 000 000 000 000）个细胞构成（我们的身体里实际上还有约 100 万亿个细菌等外来细胞，但我们要稍后才会谈到这些细胞的重要性）。每个这样的细胞都由一系列的生物分子诸如脂质、蛋白质、核酸等组成。

蛋白质是生命的原型分子（archetypal molecules），所以我们不妨先来看看蛋白质。我们身体中一系列不同的蛋白质分子是生命大部分结构的组成部分。肌肉是蛋白质，软骨是蛋白质，酶是蛋白质，实际上许多细胞内部的化学反应都与蛋白质有关。关键在于，由于蛋白质在掌控生命功能方面具有重要的作用，所以它们的结构必须被严格地调控，以确保其中没有出现具有破坏性的变异。蛋白质结构中这样的变异很有可能造成灾难性的结果，甚至导致细胞的死亡。蛋白质结构的完整性对生命的成功运作至关重要。数年前，以色列理工学院的两位研究者阿夫拉姆·赫什科（Avram Hershko）和阿龙·切哈诺沃（Aaron Ciechanover），以及加州大学欧文分校的欧文·罗斯（Irwin Rose）发现了维持蛋白质结构的关键机制，他们也因为这个发现成果获得了2004年的诺贝尔化学奖。他们发现细胞内的蛋白质被不断地更新，即细胞中的蛋白质在一个严格调控的过程中不断地被降解并且重新合成。

维持蛋白质的结构完整性至少是这个动态过程的一个原因。这个过程的具体机制与我们现在讨论的内容无关，但是这个蛋白质调控机制的直接效果就是，哪怕在短短的数小时中，我们身体中的细胞内蛋白质都已经被降解并再次合成过了。如果说蛋白质分子的动态特征还不够令你惊奇，那么我想细胞层面的物质更新应该会让你印象深刻。你身体内数百万个血细胞每天都在更新，你的皮肤细胞也在不断更新。实际上，在成年人体内每天都会产生上千亿个新细胞，来替换掉数量相当的已经死亡的细胞，这些细胞的死亡很多时候是设计好了的，这种过程又称为细胞程序性死亡。

简而言之，从本质上而言，那些让你成为你，让比尔成为比尔的物质处于不断更新的过程中。所以，在数周的时间内，从严格的物质角度来说，你已经是一个完全不同的人了。“生命就像机器”的类比虽然有其意义，但是并没有为我们提供任何关于生命的动态特征的解答。生命的确非常奇怪。如果要回答“生命是什么”这个问题，我们就必须要为生命的动态性与转瞬即逝提供一个合理的解释。

生命的多样性

就像我们先前描述过的那样，生命拥有惊人的多样性。确实，在非生物世界里也存在可观的多样性，但是生物世界的多样性具有一些特质。非生命的多样性是随意的，而生命的多样性却是连贯且精心安排的。看看植物王国和动物王国吧，那数百万不同的物种，个个都能完美适应其特定生态位而生存其中。生命惊人且十分独特的多样性如此壮观，它无处不在，伴随在我们周围。

但是我们在周围环境中看到的宏观层面体现出的多样性，不过是多样性的冰山一角。多样性在几乎不可见的微观世界中具有完全不同的意义。微生物几乎无处不在。一项早期的研究显示，地球上的细菌生物量达到了 2×10^{14} 吨。[3] 其数量足以覆盖从地球表面到地下 1.5 米的所有空间！更近期的研究表明，1 升海水中可能含有超过约 10 亿个细菌，[4] 这无疑表明我们对这个隐形的世界知之甚少。确实，由于对多样的微生物群体进行测序和培育存在困难，所以对细菌多样性的估计还处于萌芽状态。有人估计，在 1 克土壤中细菌的种类就可以达到数百万的级别，并且一般估计地球上细菌物种的总数在 1000 万到 10 亿之间——我们所指的只是细菌的物种数而不是其总数！事实上，微生物的多样性极强，以至于微生物基因组研究者们根据全部基因中的共有核心基因，开始从"物种基因组"或**泛基因组**（pangenomes）的层面看待微生物，因为单个基因组太多样了，我们难以对其进行有效的描述。但一个清晰且不容反驳的事实是，微生物世界的多样性令人震撼。

不过，出人意料的是从达尔文到现在，生命多样性的基础为何，依然是一个让生物学家们困惑的问题。在达尔文的《物种起源》（*Origin of Species*）中，他提出了分歧原理（Principle of Divergence）。虽然，仅从这部里程碑式的著作中，我们不能完全弄明白分歧原理是从自然选择原理这一基本原理中衍生而出，还是应该被视为一个独立的法则。达尔文本人在这一点上的态度也颇为模棱两可。这一矛盾的根源所在是显而易见的，分歧意味着**大量的物种由少数物种衍生而来**，而选择（任何种类的选择都是这样，不仅仅是自然选择）意味着**大量的物种被削减为少量的物种**。二者从根本上相互矛盾，任你巧舌如簧也不能绕过这一点。所以，也难怪试图协调这二者的现代生物学家们感到头疼不已。[5,6] 我们比较清楚的是，生命多样性确实来源于生殖变异，虽然这种变异具体会以什么方式导致物种的形成和多样化依然充满了争议。在第 8 章中，我们会采用物理的方法来解决生物世界多样性问题，并揭示伴随着这种多样性而产生的生物间的互动合作。

生命远离平衡态的状态

先前我们讨论过，生命这种有序复杂性状态的产生为何成了热力学上的谜题。生命本质的另一个方面也与这种复杂性相关，并且从热力学第二定律的角度来说也十分令人困惑，那便是生命远离平衡态的状态。请想象一只悬浮在空中的小鸟，它通过不断拍打翅膀来维持其几乎静止的位置。很明显，这只小鸟处于一个不稳定的状态。如果小鸟停止拍打翅膀，那么它便会坠落到地上。不过小鸟可以通过不断消耗能量来维持其不稳定的状态。小鸟通过不断扇动翅膀将空气向下推，因此可以抵抗地球的引力作用。

空中悬浮的小鸟和它不稳定的能量状态看上去是一个转瞬即逝的过程，仿佛不具备任何重要性。但是从能量角度而言，空中的小鸟和它不稳定的状态就像是所有生命体的一个隐喻。想想最简单的生命形式细菌细胞的能量状态。从热力学的角度来说，细胞也处于一个不稳定的状态，并且它也通过不断地消耗能量来维持其远离平衡态的状态。这远离平衡态的状态体现在许多方面上，但为了说明我们的观点，我们不妨先关注其中一点——活细胞中离子浓度梯度的维持。让我们先来看看这是什么意思。将一些食盐，也就是化学式写作 NaCl 的氯化钠溶解在水中，接下来盐晶体会离解成两个组成它的离子，也就是钠离子 Na^+和氯离子 Cl^-。食盐刚开始溶解时，溶液中两种离子的浓度并不是均匀的。但是，过了一段时间之后，那些离子通过扩散作用，会均匀地分布于溶液中。这一现象再次体现了热力学第二定律的作用。当溶液中一部分的离子浓度较高，而另一部分的离子浓度较低时，这种状态与离子浓度均匀的状态相比更不稳定，所以根据热力学第二定律，这种不一致的离子分布状态立刻就会改变。

但是对活细胞而言，本质上处于不稳定状态的离子浓度梯度对许多生理功能而言是必不可少的。比如，细胞内部与外部之间存在不一致的离子分布，又称为浓度梯度，尽管有热力学第二定律的作用，这种浓度梯度依然可以维持下去。为什么会这样呢？细胞为了一直维持这个本质上不稳定的浓度梯度，必须要通过离子泵将离子逆浓度梯度传递，这一过程就像小鸟不断挥动着翅膀来维持悬空的状态一样。当然，细胞必须要使用能量才能保证这些离子泵的运行，而细胞也必须通过我们之前提到的那些方式来获得能量的供应。

换句话说，细胞可以维持远离平衡态的状态，这从热力学角度而言并不是什么神秘的问题，细胞通过不断消耗从环境中获得的能量来维持这个状态。虽然这种能量消耗的模式能够被小心翼翼地维持，但是我们这种模式背后隐藏着一个重大的谜题——**这种远离平衡态的化学系统一开始是如何产生的？**如果像我们认为的那样，是化学过程导致了地球上生命的产生，那么生物产生前地球上的化学过程，怎么会从一个低能量的平衡态系统**朝着一个复杂的、高能量的，并且远离平衡态的**系统发展呢？回想一下热力学第二定律的内容，即所有系统都朝着**更加稳定**的状态发展，那么生命系统的出现必然是与该定律相悖的。如果从热力学第二定律的角度来看待这个不稳定且远离平衡态的系统的出现，结论就是：**一个系统理论上不能从这种稳定的状态变成那种不稳定的状态**。但是这事实上却发生了！所以，这一过程到底是怎么发生的，才是真正令人困惑的问题。

生命的手性特征

生命系统中的许多分子都是手性分子，这意味着该分子的镜像与原物质不重合。我们的双手就体现了这样的特征，我们的左手是右手的镜像，但是左手和右手的形状不能直接重合（见图 1）。所以我们就用“手性”一词来描述分子这样的特质，并且通过不同的分类方式，我们可以区别手性分子的两种不同形式。D–L 命名法（D, L classification）是一种比较早期但在生物学领域沿用至今的分类方法，这种方法以

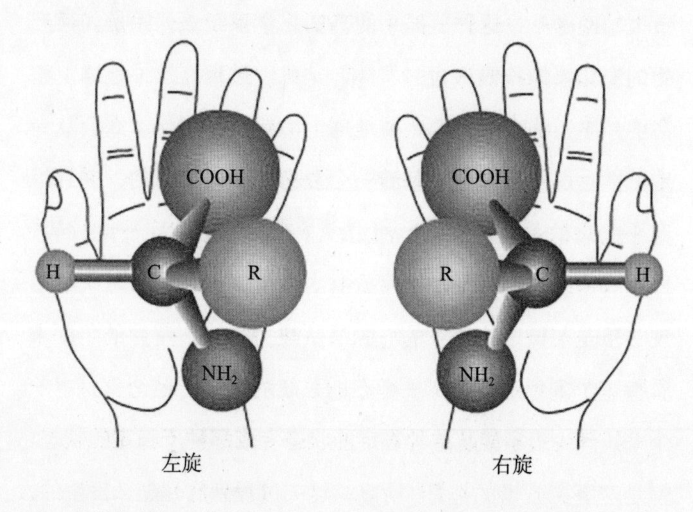

图 1　手性物质的手性示意图（如果一个物质的镜像与原物质不能直接重合，那么这个物质具有手性）

分子与有机物质甘油醛的空间关系为标准，将手性分子标记为D（dextro的缩写，又可称为右旋），而它的镜像则被标记为L（levo的缩写，又可称为左旋）。值得注意的是，D和L两个手性分子的物理化学性质是一样的（虽然偶尔有一些例外的情况，但这些情况现在不在我们的考虑范围之内）。这也意味着在任意一个环境中，两种手性分子的数量也应该是一样的。因为，如果一开始有一定数量的手性物质，该物质仅由单一的手性分子比如说D构成，那么根据热力学第二定律，只要有充分的时间，这个由单一手性构成的物质将成为外消旋体（racemic），这意味着这个物质将具有相同数量的D和L两种形式的分子（这一现象是由D和L两种形式之间的缓慢相互转换而造成的）。简单来说，外消旋体比简单的手性分子形式更加稳定——它更加无序，而只要有充分的时间，物质便会朝着这种更无序的状态发展。

我们在开始讨论这个话题时曾说过，构成生命体的许多分子都具有手性。比如蛋白质的基本组成单位氨基酸，以及核酸和碳水化合物的基本组成单位糖，都是手性分子。但特别的是在生命系统中，虽然理论上可能出现两种形式的手性分子，但一般来说都只存在其中一种形式，比如生物体内的糖几乎无一例外的都是D-型糖，而生物体中的氨基酸则几乎都是L-型氨基酸。生命系统具有普遍的**纯手性**特征（仅由一种手性分子构成）。纯手性特征同时带来了两个基本问题。首先，生命中的纯手性现象从一开始是如何产生的呢？鉴于世界上众多物质的手性特征，为何在这个本质上是异手性的世界上会出现纯手性的生命系统？或者换句话说，在这个“双手”俱备的世界上，为什么部分生物却只有“一只手”呢？其次，一旦纯手性系统通过某种方式产生了，我们又该如何解释这一系统的维持呢？毕竟异手性系统（两种手性分子的等量混合物）在本质上要比纯手性系统稳定。从这个角度而言，生命纯手性的特征正是前面所提到的生命的不稳定性和远离平衡态特质的体现。

以上所描述的生命状态和它们独特的性质有力地提醒了我们，生命系统和非生命系统是多么不同。在非生物世界中，不同的物质形式在性质上会呈现出巨大的差异。有的物质是固体，有的是液体，还有的是气体；有一些物质是导体，而另一些则不是；有的物质有颜色，有的无色。但是这些差异都能够通过基本的化学原理获得解答。比如，我们试想一下水的三种基本状态——冰、液态水、水蒸气。第一种是脆性的晶状固体，第二种是无色的液体，而第三种是根本不可见的气体，你很难再找到比这三种形态差距更大的情况了！但是，尽管这三种形态之间的性质差异巨大，我们仍然能完全“理解”该物质的三种不同形态。其中没有谜题，也没有疑惑。

那么这种理解的基础是什么呢？我们的这种理解是基于我们对物质分子层面的理解和相关的动力学理论，根据这些理论我们知道，物质的状态取决于单个分子之间作用力的大小。分子之间的作用力越强，物质就越有可能是固体。当然，温度也会影响物质的状态。温度越高，物质就越有可能是气体，因为单个的分子能够获得更高的动能。所以冰、水和水蒸气独特的性质都直接可以从分子的层面推导出来，自然科学向我们提供了将这一物质的三种状态联系起来的模式。而让我们能“理解”物质的三种状态最重要也最具有决定性的原因是，我们能轻易地将物质从一种状态转换到另一种状态。确实，我们只要根据相态图（phase diagram）的信息就能通过不同的方式对物质的状态进行转换。我们可以通过加压或者加温将冰转化为水，我们也可以直接将冰转化为水蒸气而不需要经过液态水的过程。总的来说，我们能“理解”物质固态、液态、气态的三种状态，是因为我们能够通过基本的分子关系来解释物质不同状态的不同性质，更重要的是，我们的认知使我们能操控上述系统——我们知道使不同状态相互转化的多种方法。

但在生物世界中，我们目前所理解的物质系统并不能详细地解释我们提到的那些生命特性。简单来说，在物质世界中存在着生物这么一个物质系统，其独特的行为模式至今也不能用化学术语来解释。并且矛盾之处在于，尽管我们对生物功能复杂的机制了解得越来越多，我们却依然缺乏对它们的理解。我们虽然越来越清楚细胞中的种种机制，但是那些分子却似乎并不能给我们带来对生物本质的理解。这种状况无异于见木不见林。我们需要为生命独特的性质给出清晰的解答，这样才能真正理解生命。这也是本书试图面对的一个关键性挑战。

第 2 章

探寻生命的理论

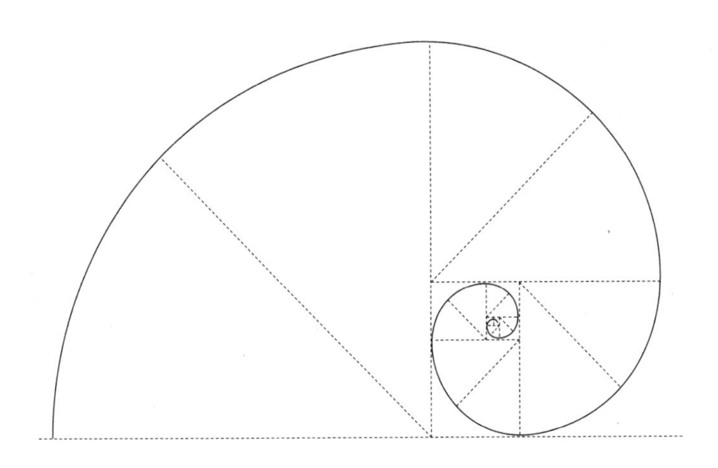

在前一章中，我们强调了生命令人疑惑的特征，以及我们在用基本化学术语来解释这些特征时的无能为力。鉴于这些问题的重要性，我们不出所料地发现，尝试理解生命的重担数千年来一直压在人类的肩膀上。下面我们简单回顾一下这些年来影响了我们思想的核心概念。首先我们追溯到 2 000 年前亚里士多德的观点，他的观点直接源自他对生命体广泛的观察研究，十分具有影响力——亚里士多德在精神和实践方面都是一位尽心尽力的生物学家。正是因为他对生命体细致的观察，他才能够用**目的论**的观点来看待自然，这一点也常被视为亚里士多德对科学思想做出的最重要的贡献。他的这一观点极具说服力，所以 2 000 余年来一直在西方思想中占据着主导地位。

简单来说，亚里士多德发现了一个产生并维持生命的过程，这一过程暗示了生命的活动是**目的导向**的。比如，生殖和胚胎发育的每一个方面都展现了这种目的导向。既然目的与如此广泛的物质形式相关（虽然我们举的是生物世界的例子），我们可以做出一个合乎逻辑的推论，那便是所有物质形式，不管是生物还是非生物，其背后都与某种目的有关（这也是亚里士多德著名的结论）。没错，这就是亚里士多德目的论的本质，即自然的运行方式背后都隐藏着某种目的，这目的掌控着整个宇宙。由于亚里士多德提出的目的论可以在生物世界中找到丰富的例证，所以现在我们也就可以理解为什么目的论的观念 2 000 年来都没有受到过什么挑战。

但是到了 16 世纪，新的情况出现了，当时正是思潮纷涌的开端，并且不久之后形成了一股磅礴的思想洪流，这思想洪流彻底改变了当时的思想界。这个如今被称为现代科学革命的时期，在当时剧烈地改变了人类对宇宙及其在宇宙中的位置的认识，这一时期的中心人物包括哥白尼、笛卡儿、伽利略、牛顿和培根。现代科学革命的主要成就是：长期以来宇宙的目的论观念被重新评价，至少在科学领域中，这种观念基本上被抛弃了。科学革命改变了人们 2 000 年来根深蒂固的观念，并用一个体现了科学革命本质的观念替换了亚里士多德的目的论思想，这一崭新的观念就是：**自然是客观的**，自然规律背后并不存在某种目的。科学革命在哲学和科学领域的意义不容小视。实际上，雅克·莫诺认为这一观点是人类在地球上生活的 15 万 ~ 20 万年中贡献的**最重要的观念**。

这个观念将人类带入了一个全新的概念性现实，这个现实的终极意义和影响我们现在还没有完全发现。但是矛盾之处在于，这个革命性的观念及其对人类的宇宙观造成的相关变化在解决生命问题上遇到了重重困难。确实，这一科学认知的改变好像反而加深了生命的谜题，因为这个全新的科学观中存在着不容忽视的矛盾。在科学革命发生之前，人类的宇宙观具有某种统一性，因为目的论将生物和非生物的世界都囊括其中。但是，科学革命带来的直接结果就是我们现在需要解答这两个世界为什么存在，以及这两个世界之间存在什么关系的问题。这样看来，科学革命非但没有满足人类探索自身在宇宙中位置的冲动，反而好像还阻碍了人们对物质世界（其中包括了生物和非生物的世界）进一步的理解。

科学观念发展的下一步就是1859年查尔斯·达尔文标志性的著作《物种起源》的发表。不过我们却吃惊地发现，达尔文的进化论虽然为生物提供了一个了不起的统一理论，却进一步扩大了生物和非生物世界的鸿沟。就像我们之前提到的那样，17世纪的科学革命是逐渐发生的，因为亚里士多德的目的论曾经非常具有说服力，它基于实际观察并且富有逻辑，我们周围的世界充满了符合目的性观念的例子，即便亚里士多德的理论大厦仅仅基于对生物的观察。达尔文通过其了不起的洞见，为具有目的性的生命系统的出现提出了一个简洁的机械原理，那便是自然选择。这一结论扫除了目的论宇宙观的基础，并且击碎了以往的思维范式。达尔文通过自然选择这一原理，拓展并且加强了科学革命，他将科学革命中不容置疑的宇宙客观性前提延伸到一个曾似乎与它无关的领域——生物领域。随着达尔文这一划时代贡献的出现，至少在科学领域，宇宙目的论终于偃旗息鼓了。

达尔文虽然为简单生命形式向复杂生命形式的进化提供了一个“物理”的解释，但是达尔文没有解答，或者说根本没有尝试去解答，非生命物质是通过什么方式转变为简单的生命形式的。有趣的是，这个疏忽在达尔文的时代就已经被人们注意到了，尤其是达尔文本人。在一封达尔文写给一位植物学家同事的信里，他写道：“现在讨论生命的起源无异于痴人说梦，人们还不如去想想物质的起源。”达尔文故意避开了这个挑战，他承认当时的知识条件还不足以讨论这个问题。与达尔文同时代的恩斯特·黑克尔（Ernst Haeckel）则做出了更加不客气的评价：“达尔文的理论最主要的缺陷在于，这一理论对原始的有机体（也许是一个简单的细胞）是如何产生的问题没有提供任何解释，而其他一切的生命都是这原始有机体的后裔。当达尔文推测第一个物种具有某种特别的创造性行为时，他的观点出现了分歧，并且我觉得这并不是他真正的看法……”[7] 关于生命何以出现的核心问题——生命的设计、功能和目的是如何产生并融合到**非生命**物质中去的——至今没有被解决，它依然是令自然科学界烦恼的难题。

物理学在 20 世纪的第一个十年中取得的惊人进展对于阐明这个问题却无能为力。的确，原子理论之父尼尔斯·玻尔在 1933 年一个题为“光与生命”（*Light and Life*）的著名讲座中甚至提出：“生命符合人类通过物理与化学推理的结果，但是我们却无法通过这种推理来判定或了解生命。”[8] 这实际上可以被视为玻尔在量子理论中提出的“非理性”[1] 的延伸，物理学家们也不得不在生物系统中接受并应用这一点。生物具有某种本质上的非理性！生命体和非生命体分别以两种物质形式存在，现实如此。正如我们先前提到的那样，量子力学之父埃尔温·薛定谔在他引人深思的小书《生命是什么》中，[9] 提到了他对生命独特的热力学行为的困惑。简单来说，现代物理和生物看上去互相矛盾，从根本上不相容。薛定谔追随着玻尔的理论，并且颇为神秘地总结：虽然生命体没有脱离现存的物理法则，但是其中可能还存在目前未知的“其他的物理法则”。

到了新的时代，诺贝尔奖获得者、生物学家雅克·莫诺在他经典的著作《偶然性与必然性》（*Chance and Necessity*）[10]

---

［1］ 这里物质的“非理性”并非指理论本身不理性，而是指该理论所研究的物质无法通过理性的方式来呈现。——译者注

中再次清楚地重申了生物与物理之间的鸿沟，这鸿沟伴随着科学革命被进一步加深。让莫诺感到困扰的主要问题是生命的目的性本质。生命中目的性特征的存在看上去违反了现代科学的基本原则，即自然的客观性。莫诺将这个问题总结如下：

> 所以在此处，至少在表面上存在一个认识论方面的深刻矛盾。事实上，生物学的关键问题就存在于这个矛盾当中，如果这仅仅是一个表面上的矛盾，那么我们必须要将这矛盾解决，否则就必须证明这个矛盾事实上确是无法被解决的。

这个问题简单来说就是，为何功能和目的会从这个不存在功能和目的的客观宇宙中产生？所以，虽然亚里士多德的目的论已经被现代科学理论所打破，但是在清除了目的论后，却留下了一个恼人的理论空白。现实中目的性在生物世界的各个方面表现都十分明显，这一点是不容否定的。这些现象并没有什么伟大的宇宙意义，它们不过是实实在在的生物学经验罢了。但是这些目的性特征到底从何而来？为什么一个客观宇宙中能产生**任何**形式的目的呢？我们最后不得不面对这个结论：如果我们要理解生命，那么我们必须要理解目的性。这二者之间存在着必然且密不可分的联系。这个分析结论也有其积极的一面。如果我们能解释目的性的物理基础，那么我们也有可能发现生命出现的机制。我们将会在第 7 章和第 8 章中讨论这二者之间的联系。

回顾过去，人们可能会说，像玻尔和薛定谔那样的物理学家之所以在讨论生命问题时遇到了困难，部分原因在于生命是什么以及生命是如何出现的问题从根本上来说是一个**化学**问题。毕竟，照理说控制生命系统功能的过程和使得生命系统从非生命物质中产生的过程都发生于化学层面。但如果人们认为讨论生命的化学机制就能够回答薛定谔提出的“生命是什么”这个问题，那么这种想法是颇为无知的，因为半个世纪以来，飞速发展的分子生物学在解决“生命是什么”方面其实毫无进步。1953 年，沃森和克里克划时代的 DNA 研究标志着我们认识细胞机制以及生命机制的全新开端。[11] 许多重要的发现紧随其后，比如 DNA 复制、蛋白质合成、能量转导和中心代谢途径的机制等等。我们对生命分子机制的了解日新月异。但是，与之矛盾的是，尽管我们对生命机制的研究越来越深入，我们却并没有在解答“生命是什么”这个基本问题以及“生命是如何产生的”这个相关问题上更进一步。1974 年，在发现 DNA 的 20 年后，著名科学哲学家卡尔·波普尔（Karl Popper）表达了对玻尔–薛定谔的生命观的支持，他认为生命起源的问题是“一个科学无法跨越的障碍，一个将生物简化为化学和物理所解决不了的残余问题”[12]。因为DNA的发现而广为人知的弗朗西斯·克里克在一部1981年的著作《生命》（*Life Itself*）中认为，生命的出现是一个了不起的奇迹，他甚至兴致勃勃地设想生命的产生可能符合“胚种论”（panspermia），这个极端的观点认为地球上的生命起源于太空，是由太空的外星生命形式带到地球上播种的！[13]

最后的结论其实颇为惊人。从最广义的角度来看，自查尔斯·达尔文以来，我们在解答“生命是什么”这个问题上其实并没有什么进展。没错，我们现在的确知道所有的生命都是由细胞组成的；遗传信息都储藏在DNA分子中；对生命功能的运行有重要意义的蛋白质都通过一套普遍的编码表达，这套编码将DNA序列和特定的氨基酸对应了起来；生命中还有一个基于ATP（腺苷三磷酸）分子的能量储存机制。但是这些微观的分子发现，虽然其本身有着重要的意义，但却不过证实了达尔文的看法，即所有生命都源于一个早期的共同祖先，生命的本质是一样的。当然，达尔文不具有我们如今所享有的详细而丰富的现代分子生物学知识，但是他对生命的统一性的信念，以及对所有生命都通过某种物理法则相互关联的洞见，既是达尔文理论的基础，也是他最主要的贡献。所以令人吃惊的是，我们近60年来在分子生物学上的飞速发展并没有让我们离“生命是什么”这个问题的答案更近一点。实际上就像我们已经提到的那样，我们能在生命的森林中看到许许多多的树木，但是整个森林的面貌却依然模糊难辨。

定义生命

人们多年以来在定义生命方面付出了巨大的努力，作为这一部分的结尾，我们将会思考近年来人们在定义生命方面的一些尝试。这个简略的概述也进一步证明了生命这个话题是多么令人困惑。这些年来，可以说有数百种关于生命的定义被提出，并且这股潮流丝毫没有停止的迹象。拉杜·波帕（Radu Popa）在《探寻生命的定义与起源》（*Searching for the Definition and Origin of Life*）一书中，[14] 列举了 2002 年（该书出版前一年）所提出的 40 种对生命的定义，这体现了定义生命的尝试自有其不断延续的内在驱动力。但这些对生命的定义存在一个问题——在这些大量的不同定义中，许多定义之间即便不是互相矛盾的，起码也是互不相容的。这无疑体现了我们“定义生命”的尝试将不可避免地遇到一些困难。如果我们从这个话题上后退一步，然后从远处来反思一下这些讨论生命定义的文献，我们就会发现这些尝试仿佛是一条狗在追着自己的尾巴原地兜圈子。首先，让我们从波帕的定义列表中随机挑几条来看看这个问题。

> 生命可以被定义为一个能够获取、储藏、处理以及利用信息来规划其活动的物质系统。[15]
>
> 生命可以被定义为一个能够不断得到单体和能量供应，并受到保护的核酸和蛋白质聚合酶系统。[16]
>
> 生命可以被定义为一个能够实现以下功能的系统：(1)自我组织，(2)自我复制，(3)通过变异而进化，(4)新陈代谢，(5)集中密闭。[17]
>
> 生命简单来说就是一种有序的不稳定状态。[18]

上面这些都是近期提出的生命定义，并且各有各的道理，但是它们之间几乎没有重叠。如果这些定义不是都以“生命”这个词开头，我们甚至可以说是这些定义描述的是一些完全不同的概念。第一个定义由弗里曼·戴森(Freeman Dyson)提出，该定义关注的是信息（软件）；第二个定义由维克托·库宁(Victor Kunin)提出，该定义关注的是核酸和蛋白质等基础结构（硬件）和运行所需的能量；第三个定义由古斯塔夫·阿列纽斯(Gustaf Arrhenius)提出，他试图指出生命体所共有的几个特征；而第四个定义则由雷米·亨内特（Remy Hennet）提出，他强调的是生命的热力学特征。如果我们愿意继续列举下去，我们还能发现更多的定义。生命确实包括许多东西，但是这些东西独立而言都不是生命。

最后，让我们来看看被最为广泛接受的生命定义，这一定义由NASA（美国航空航天局）的宇宙生物学项目（Exobiology Program）于1992年提出，它一般被称为“NASA的生命定义”。其主要内容为：生命是一个能够发生达尔文式进化的自我维持的化学系统。这虽然是一个很有吸引力的定义，但是却存在某些缺陷。第一个缺陷是技术性的，照理说NASA的定义在个体生命层面依然适用，比如说一个细菌，一头大象，或是一个人。但是个体生命无法实现进化，它们只能繁殖然后死亡。只有生命体的**种群**才能实现达尔文式的进化。即便我们忽视这个技术性的问题，这个定义依然存在一定的问题，因为其中明显表达了对生命的一些期待。比如，由马和驴杂交而生的骡子就不具有生殖能力，所以显然骡子不能繁殖后代。这也意味着骡子的种群不能够实现达尔文式的进化，但我们都会同意骡子是生命体。对不育的兔子而言情况也是一样的，它们不能繁殖，却是生命体。这种基于骡子和兔子的批评我们近年来听得比较多，在一再重复中似乎正在失去它的力度。然而，熟悉感不应降低它的中肯与正确之处。这种批评具有坚实的基础，并且不应该被忽视。NASA 的生命定义就像其他许多定义一样，我们可以很容易地举出反例来。在这些定义中，几乎总有生命体被排除在外，又或是非生命体被不适当地包括其中。

那么接下去该怎么办呢？在一篇 2002 年发表的文章中，科罗拉多大学的哲学教师卡罗尔·克莱兰（Carol Cleland）和普林斯顿大学的天文学家克里斯托弗·希巴（Christopher Chyba）提出的观点改变了这场辩论的本质。[19] 他们指出，在我们回答生命是什么之前就试图去定义生命是本末倒置的做法。定义一个已知实体的过程已经充满了困难，那么尝试去定义一个我们依然难以理解的实体自然是在做无用功。基于克莱兰和希巴的观点，我们现在可以指出 NASA 定义中的根本问题了。NASA 的定义只是告诉了我们怎么识别生命，而并没有告诉我们生命是什么。就像水的物理性质能够帮助我们判断某种液体是不是水一样，NASA 的定义依据生命体普遍的行为（实现达尔文式进化）来让我们判断一个个体是不是生命体。克莱兰和希巴声称我们需要的不是生命的定义，而是一个全面的**生命理论**。在本书的最后两章中，我们将会谈到我们在这个方向上做出的尝试。

总的来说，这段简短的历史回顾描绘了几个世纪以来生命的问题所引发的困惑，并且给出了“生命是什么”这个谜题至今没有得到解答的原因。在我们填平生命与非生命之间的概念性鸿沟之前，以及在将生物和物理这两个学科自然地融合起来之前，我们还难以把握生命的本质和人类在宇宙中的位置。

第3章

理解何谓“理解”

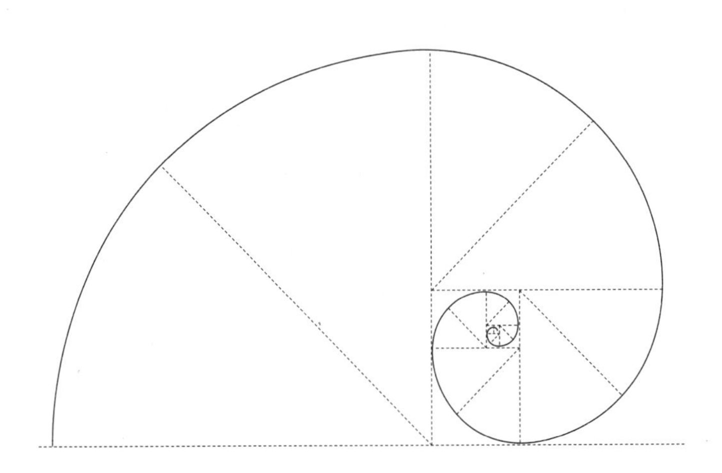

在前面的章节中，我指出了我们仍然缺乏一个关于生命的理论，一个能让我们理解生命是什么以及生命是如何出现的理论。尽管现在我们对生命机制的细节越来越了解，但我们依然欠缺对生命现象核心问题的理解。“理解”这个词到底意味着什么？当我们讨论日常生活中的问题时，我们不需要解释这个词语，其含义不言而喻。但是当我们讨论生命的问题时，情况就变得复杂了。“理解”这个词的含义直接关乎我们将采用的科学方法和其他的问题，所以我们必须简单地回顾一下这个困扰了人类2 000多年的哲学问题。

在科学的世界里，我们采取**科学的方法**来认识周围的世界。这方法已经广为人知，所以我们将仅讨论与我们的分析相关的部分。科学方法的核心是**归纳法**，其论证方法可以追溯到古希腊的哲学思想。不过，这一方法在经过了科学革命的奠基人之一弗朗西斯·培根的描述后，才被提升到了科学界的重要位置。这段描述听起来十分严肃，可能会让人感觉这种方法很艰深。但是这种方法的本质其实非常简单，简单到年幼的小孩都能够靠直觉来理解，并且时而（下意识地）应用它。实际上，我认为一旦我们剥离了科学研究中的修饰和术语，就会看到其本质都是对归纳法的成功应用，也正是这一方法构成了我们所谓“理解”的基础。

通过归纳推理，从实践所得的事实中总结出具有普遍适用性的结论，这一过程我们可以简单地称为“**模式识别**”（pattern recognition）。让我们来看一个简单的例子，比如一颗坠落的苹果。没错，所有苹果都会从树上落下来，所以我们可以合理地总结出一个自然的普遍规律：“苹果都会从树上坠落。”但是，即便是观察力不强的人都能发现，可以从高处坠落的不仅仅是苹果，所有物体坠落的特征都是一样的。也就是说，“苹果都会从树上坠落”这个具有局限性的规则可以被扩展为“所有物体都能从高处坠落”，不过为了让这个规律可以描述一些例外的物质行为模式，比如热气球等等，我们还需要对它进行进一步的修改。

无须多言，物体坠落是一个十分明显的现象，即便是小孩也能快速地理解这个现象，而这一理解的过程就是对归纳推理在基础层面的应用。当一个小孩扔下某个物体，然后这个物体落到了地上，用不了多久这个孩子就能“理解”物体坠落这个单一的事件是“物体能从高处坠落”这个普遍规律的体现。所以，即便是对归纳推理和科学方法一无所知的年幼孩童，都能下意识地应用归纳推理来理解并适应他们周围的世界。英国诗人、历史学家托马斯·麦考利（Thomas Macaulay）在19世纪中叶就已经指出了这一点：

从开天辟地的时候起，人类就已经开始应用归纳推理的方法了。哪怕是最无知的农夫，最漫不经心的学生，还有嗷嗷待哺的婴孩，都在不断地应用归纳推理。这方法让农夫知道当他播种大麦时，不会收获小麦，让学生知道乌云密布的天气最适合去捕捉鳟鱼，让婴儿明白应该找他们的母亲或者保姆哺乳，而不是他们的父亲。[20]

实际上，所有具有认知能力的个体都时常应用归纳推理的方法，无论他们是不是人类，也无论这一行为是有意的还是无意的，因为这个推理过程已经深深地根植在了我们的进化过程中。实际上，尽管你的宠物狗并不熟悉培根的论文，对基本的认识论也缺乏了解，但是它依然能运用归纳推理的方法。只要观察一下当你拿出它喜爱的狗粮时它的反应即可。基于它长期以来学会的行为模式，它完全明白自己即将获得投喂。这种收集实践经验并从收集的信息中识别行为模式的能力是生命体从进化的过程中习得的，这种能力让具有认知能力的个体可以对外界做出有益于其自身的反应。无论是你的宠物狗、两岁的小孩，还是实验室里的科学家们，都在应用同样的归纳推理方法，差异仅在于识别出的行为模式的复杂程度而已。

如前所述，年幼的孩童也能够发现“物体能从高处坠落”这个规则，但是只有像牛顿一样的天才才能够发现一个更普遍的规则。万有引力定律能将坠落的苹果与天体的运行（比如地球和月球）联系起来，这一定律将物体之间的相互作用通过准确的数学形式描述出来。我们之所以能够理解苹果**为什么**会坠落，以及月亮**为什么**会绕着地球运行，是因为这些个别的事件都是一个普遍规则的体现，这个规则掌控着所有物体的行为。但是这也意味着世界上并不存在对苹果**为什么**会坠落这个问题**完全**而**深刻**的理解。重力只是用来描述苹果坠落这个事件的普遍规律的一个词语而已。

从根本上来说，**所有**的科学解释都是归纳性的，它们不过是发现了普遍存在的规律，并且将特殊的事件与普遍现象联系了起来。也就是说，一个规律适用的情况越广泛，比如有越多的实践观察被包括到这个规律之中，那么这个规律的预见性和重要性就越强。简而言之，这也是现代物理的本质，即发掘宇宙运行背后更具有普适性的规则，并不断拓展其适用范围。爱因斯坦的广义和狭义相对论就是一个很好的体现，相对论拓展了具有局限性的牛顿定律。爱因斯坦凭借相对论将牛顿提出的万有引力定律置于一个更广阔的背景中，在这个意义上，他在牛顿的基础上更进了一步。

根据爱因斯坦的描述，引力不过是物体在四维时空中的自然运动，所以相对论为我们理解包括坠落的苹果在内的广泛物理现象提供了一个基础。当然，物理学家们还在这方面继续努力，试图通过复杂的公式，比如弦理论和 M 理论来进一步拓展这些法则的适用性，他们不断地试图发现所谓的终极理论，即一个适用于宇宙万物的理论。至于这个发现终极理论的目标是否能实现，那就是另外一个问题了，这不仅仅是一个科学问题，还是哲学问题。这个问题本身虽然非常有趣，但已经超出了我们所要讨论的范围。

数学在发现特定规律的过程中扮演着重要的角色。如果一个规律能够通过数学语言以量化的方式表达出来，那么它的预测能力将得到极大提升，它的效用自然也就增强了。诺贝尔奖得主、物理学家理查德·费曼（Richard Feynman）曾经用这样一个比喻来描述量子理论的精确度，他说量子理论的精确度相当于用一根头发的精度来测量北美洲的宽度。我们就是需要注意这样的规律！这种规律的预测能力保证了数学在规律推导过程中的核心地位。当然这并不意味着定性方法没有效用和价值。我们不要忘记了，达尔文自然选择和共同后裔的革命性观点就完全是通过定性方法得出的，这些观点在人类对于自身的看法上至今具有重要的影响力。爱因斯坦有句名言："不是所有算数的东西都能被数清，也不是所有能被数清的东西都算数。"（Not everything that counts can be counted, and not everything that can be counted, counts.）

我们始终在用"规律"一词来描述归纳推理所探寻的结果，不过科学家们通常使用一些不同的词，比如"假说""原理""定律"等等，这些词之间的差异仅在于它们的适用范围而已。所以，牛顿的万有引力定律可以被毫无疑问地称为"定律"，因为苹果和其他物体已经坠落过无数次了，而且太阳也每天照常升起。不过，"规律"一词本身所具有的模糊性其实自有其优势所在。不同于"原理""定律"这些词语所暗示的某种绝对真理的意味，"规律"一词更微妙，它没有那么理直气壮，也没有那么确凿无疑，因此也更具有修正的空间。哪怕是牛顿定律中关于引力和运动的部分，也因为爱因斯坦的洞见而不得不进行修正。所以，如果我们牢记，每一个假说、原理或是定律从根本上来说都是一个规律，那么当这些原理或定律被修改或者驳回时，我们也就不会感到那么吃惊，那么不安了。

至于这些"规律""规则""定律""概论"，或无论什么名称，它们为何存在，科学不能也并不假装能够回答这个问题。尽管一直以来人们都认为自然的法则是对自然现象的解释，但是早在一个世纪以前，20 世纪伟大的哲学家路德维希·维特根斯坦（Ludwig Wittgenstein）就在他的著作《逻辑哲学论》（*Tractatus*，即“论述”的拉丁文）中指出：“现代对世界的理解完全基于一个幻想，即所谓的自然法则是对自然现象的解释。”**任何**现象都不存在根本的解释，我们最多可以说那规律本身就是解释了。规律就是连接起现实和我们对现实的理解之间的桥梁。这些规律的基础是什么，其背后的自然法则是什么，都是值得我们探索的问题。不过，它们都属于哲学问题，不在严格的科学范畴之内，所以也超出了我们的讨论范围。这里再引用一句维特根斯坦的话：“对于不可说的东西，必须保持沉默。”

通过上面的陈述，我们明白“理解”具有不同的程度。理解在很大程度是**主观的**，因为发现“规律”的过程并不总是确凿无疑的。有时候规律的发现取决于观察者的视角。就像诺贝尔物理学奖得主史蒂文·温伯格（Steven Weinberg）指出的那样，判断一个规律是否具有洞见的好办法就是看看它能否引发同事的赞叹。话虽如此，“理解”的内涵在作为基础科学的物理领域和生物领域中是不同的，因为生物的研究领域从本质上来说是高度复杂的系统。在物理中，所有概括性的结论都无一例外地通过数学的语言来量化表达，所以它不能容忍规则之外的特例，这样的例外一旦出现，相关规则就需要被重新制定；在生物学中，结论很多时候都是定性的描述，例外的情况不但被容忍，而且作为一种常态被接受。不过，无论在哪个领域中，我们都需要强调，有时同样一组观察结果在经过不同方式的解读后，可以导向不同的规律。

当我们观察的规律是统计性的而不是绝对性的（这在社会科学中比较常见），或者当我们观察的规律从本质上而言是定性的而不是定量的，上述现象尤为明显。基于这一点，同一系列的历史事件可以被组织为不同的规律，所以历史学家们在解读这些历史事件时可以总结出完全不同的规律。大量对第一次世界大战起因的研究文献证明，一系列明确的历史事件可以通过不同的方式来理解和分析。并且在这种情况下，不同的规律之间并不一定是互相排斥的。比如一个两岁的孩童和一个理论物理学家都对坠落的苹果这一事件有各自的理解，不过他们的理解明显不同。他们都发现坠落的苹果是某个更普遍的规律的体现，但是物理学家发现的规律是量化的，而且更具有普适性。不过，那个孩子所发现的“所有物体都能从高处坠落”的规律已经足够让他应付日常的生活了。鉴于那个孩子最近没有发射卫星或者开展太空旅行的计划，那么对他来说，牛顿的万有引力定律和爱因斯坦的相对论对“物体能从高处坠落”这一规律的补充并没有多少实际的用处。事实上，我们仔细想一想，哪怕是一位物理学家，他在爬山时应用的都会是"物体坠落"的规律，而不是用弦理论以及狭义或广义相对论来引导自己的旅途。

总的来说，当从一个系统中可以总结出多条规律时，哪条规律更有效取决于实际的应用。伍迪·艾伦（Woody Allen）2009 年的电影片名《怎样都行》（*Whatever Works*）就很好地概括了这一点。没错，只要有用就"怎样都行"。最终，无论我们将其称作"原理""定律""模型""假说"，还是称其为"规律"，我们所有试图发现宇宙规则的努力其实都无法完全把握自然的真相。我们发现的规律不过是自然真相的**投影**，只不过有的更准确，有的偏差较大而已。这些发现为我们理解我们身处其中的复杂世界提供了帮助。在之前讨论的基础上，我们现在可以来看看如今依然亟待生物学解答的核心问题，即还原论（reduction）和整体论（holism）的问题。

还原论还是整体论

我们先前已经指出，归纳推理的方法——发现规律、总结概况——是所有科学理解的核心。但是，归纳推理中一种叫作还原论的特殊方法具有特别的价值。还原论的概念本身可以被进一步阐释并分割成数个次级概念，这些都是近年来科学哲学家们所探索的问题，但是这些细节问题与我们的讨论并不相关。还原论方法的核心其实非常简单：“一个整体可以被理解为其各个组成部分之间的相互作用。”比如，如果你想理解钟表的运作方式，那么就要把它拆开来，拆下齿轮、弹簧等等，然后看看这些零件怎么一同运作来保证整体的功能。还原论的观点从科学革命初期开始，就对推动科学认知发挥了重要作用。

最近出现的整体论是与还原论相对的观点，这种观点可以简单总结为：“整体的意义要大于部分的总和。”所以这种观点通常被认为是对还原论的反驳。整体论认为，在复杂系统中呈现出的不可预期的突现（emergent）特性，不能通过观察其各个部分而发现（突现特性指的是系统在复杂和高级层面所呈现出来的性质，这种性质在较低的层面是观察不到的）。这个观点在近年来变得越来越有影响力，特别是在生命科学领域，因为即便在所谓“简单”的生物系统中也具有令人惊讶的复杂性。因此，一个生物学的新分支“系统生物学”随之出现了。卡尔·乌斯将生物系统视为“复杂的动态组织”，而不是可以通过组成部分来理解的“分子机器”，这就是这种“系统”观点的体现。

那么在解决生物学问题方面，究竟还原论和整体论中哪种方法更合适呢？这取决于你想问谁的意见了。雅克·莫诺就不认同整体论的观点，他评价道："这无疑是最愚蠢和荒谬的论争，这不过证实了'整体论'对科学方法和在其中起到重要作用的分析方法的错误认识。"还原论和整体论之间的矛盾长期存在于生物学，这一点在一本被称为《还原论在生物学中的问题》（*Problems of Reduction in Biology*）的会议论文集中清楚地展现出来。这一会议于1972年9月在意大利的贝拉焦举行，参会者为许多顶尖的生物学家和哲学家，包括彼得·梅达瓦尔（Peter Medawar）、雅克·莫诺和卡尔·波普尔。据报道在会议最后，琼·古德菲尔德（June Goodfield）说道：

> 我时常被一种似曾相识的感觉所击溃，有时甚至濒临丧失思考能力的边缘。"还原论""反还原论""超越还原论""整体论"……这些问题都是在生物学史上以不同形式重复出现的古老问题，而我会产生这种无能为力的感觉是因为，经历了这么长的时间，这个问题似乎并没有变得更加明晰。[21]

好吧，那次会议到现在已经差不多40年了，而上述这一点也并没有什么改变。如今生物领域的还原论和整体论和当初一样充满了争议。最近，在一篇由丹尼斯·诺布尔（Denis Noble）撰写的文章中，他对整体论表达了坚定的支持，通过现代系统生物学的例子讨论了这个古老的困境。[22] 卡尔·乌斯在转变为整体论的支持者后，更直白地说道：

> 如今的生物学正处于一个十字路口上。在整个 20 世纪，以分子为中心的研究范式成功地引领了该学科的发展，但是如今这个研究范式已经无法提供可靠的指引了。分子研究范式在生物学上的预期已经实现，这一范式失去了它的效力。因此，生物学领域必须要做出一个选择，选择是沿着这条分子研究道路继续舒服地走下去，还是选择一条能对生物世界提出全新看法的道路，一条能解决 20 世纪生物学和分子生物学所无法解决而刻意回避的问题的道路。之前的研究道路虽然非常高效，但是它却将生物学变成了一个工程领域。而未来的研究道路才能让生物学成为真正的基础科学，一门能和物理共同探索和定义自然的科学。

这些话确实发人深省。但是诺贝尔奖得主、生物学家悉尼·布伦纳（Sydney Brenner）最近严厉地批评整体论："系统生物学声称自己具有解决这一问题的能力，但是我认为这个方法并不可行，因为从一个复杂系统的行为中推导出其功能模式是一个不可能实现的逆向问题。”[23]

虽然这个问题有着复杂而不明确的背景，但现在我们还是直接深入这个哲学意义上的虎穴吧。我将针对二者之间哲学上的分野提出一些看法，并且谈谈这对我们加深对生命系统理解的目标将有怎样的影响。我认为至少在有关生命的问题中，与其说还原论–整体论是一种实质性的分野，倒不如说是语义上的区别。并且，当我们深入研究整体论时，它其实可以被视为一种修正的还原论。

虽然有过度简单化的风险，但是我们可以说，作为科学方法的还原论最有效的应用是所谓的“逐级还原”（hierarchical reduction），该方法的主要观点为，一个层级的现象可以通过比其低一个层级的概念来解释。史蒂文·温伯格近来准确地阐明了这一观点：“解释的箭头方向始终朝下。”[24] 因此，我们会通过个体的行为来解释社会的行为，通过细胞的行为来解释个体的行为，通过生物化学循环来理解细胞的行为，而要理解生物化学循环则需要依靠分子结构和反应活性等更基础的物理和化学知识，直到将研究对象还原为最基本的亚原子粒子。逐级还原通过层层递进的方法来理解不同层级的问题，每个层级的现象都可以直接通过低于其层级的概念框架来进行解释。自 17 世纪的科学革命以来，许多物理学上了不起的进步都是通过这种方法实现的。在生物学中，通过还原论的方法也曾产生过丰厚的成果，这些成果推进了我们对生物过程的认知。比如，DNA 的复制、蛋白质的合成、代谢循环等等，都是通过还原论的方法发现的。毫无疑问，分子生物学通过还原论的方法从分子的层次上揭开了许多细胞功能的奥秘。

但是，正如我们在第 1 章提到的那样，生物系统的高度复杂性使得还原论的方法难以实行，这一困难也正是近年来生物系统研究领域中还原论遭到反对和整体论兴起的原因。整体论的思想源自**系统论**学派，该学派认为在复杂的系统中，各个组成部分之间会产生重要且难以预测的系统性联系。所以，当我们回顾温伯格“解释的箭头方向始终朝下”这一还原论观点和琼·古德菲尔德绝望的评价，我们该如何应对这两个针锋相对的观点呢？这两个观点之间明显的矛盾对于我们探索如何理解生命又有什么意义呢？

很大程度上，还原论极端的表述引发了那些对该理论的批评，这种极端表述的一个例子是弗朗西斯·克里克的说法：“现代生物学研究的终极目标是通过物理和化学原理来解释所有生物学现象。”[25] 这一目标在可见的未来都是不现实的，这就像说化学的“终极目标”是通过解决薛定谔方程来预测所有的化学现象一样不现实。从这个角度来说，还原论具有一定的局限性，所以针对该观点的广泛批评也自有其依据。但如果说经过仔细斟酌的还原论方法不能用于分析系统的突现特性，那么这显然是不正确的说法。许多突现特性的发现和理解其实都是通过还原论实现的。

让我们举一个简单的例子，想想我们之前讨论过的凝聚态（也就是固体和液体）物理性质。凝聚态体现了许多在单个分子层面所不存在的突现特性。凝聚态物质可能是固体也可能是液体，可能是导体也可能是绝缘体，可能表面有光泽也可能无光泽。单个的分子不具有这些凝聚态的性质。单个的分子既不是固体也不是液体，既不是导体也不是绝缘体，更不具有任何光泽。但是，尽管在分子层面不存在这些整体上的性质，但是我们可以通过**单个**分子的电子特性来理解凝聚态的性质。所以我们仅凭单个分子的性质（分子质量、电荷特性等等）和分子间的作用力，就可以理解为什么室温下的氢分子是气态的，水是液态的，而食盐是固态的。同样，我们可以对单个分子进行理论分析从而推导出该物质固态时的导电性。

我想表达的观点是，物理和化学中都充满了这样还原论式的分析，这些分析为我们理解系统的突现特性提供了重要的启发。所以认为还原论不能解释系统整体所具有的突现特性这种经常被提及的观点并不正确，尽管承认这一点并不意味还原论能解释**所有**的突现特性。正如其他方法一样，还原论当然有其局限性。有时，复杂系统并不能被还原为各个组成部分，在这种情况下，一些突现特性确实会在还原的过程中消失，这时我们可以说整体论的方法是有必要的。但是，如果我们对整体论进行更深入的评估，我们会发现，其反对还原论的立场在某种程度上是被错误地表述了。主要问题在于“整体论”一词所传达的含义。“整体论”绝不是说为了将系统作为一个整体来处理，所以要避免对各个部分进行分割。整体论的方法和还原论的方法一样，将复杂的整体分割成不同的部分，但是却以一个更现实的方式来分析系统中各部分之间复杂的相互作用。整体论观点意识到，除了从低层到高层的“向上的因果关系”之外，还必须考虑从高层到低层的“向下的因果关系”，即高层级的现象对低层级的行为可能产生的影响。

这种反馈作用可以导致一些难以预料的突现特性的产生，这些特性不是仅用还原的方法就能轻易预见或解释的。尽管如此，只要稍加思考我们就能发现，整体论的核心就是还原论的思想。整体论分析生物系统复杂性的方法不过是将复杂的系统分割为更简单的元素，但是强调这些元素在复杂系统中的相互作用。换句话说，整体论所倡导的不过是一种修正形式的还原论方法，这种方法认为一个系统中的因果关系比自下而上的线性因果关系更加复杂。用英国生物学家阿瑟尔·科尼什–鲍登（Athel Cornish-Bowden）的话来说：

> 科学上传统的还原论方法可以被视为一种通过局部的性质来理解整体的方法，但是现在我们要学会通过整体来理解局部。[26]

因为还原论是获得科学认知的关键手段，所以还原论作为科学的解释工具是难以规避的。数十年来朝着建立某种非还原论甚至是反还原论的理论探索，如今看来依然没有得出什么成果。整体论虽然有这样一个名称，但是它可以被视为一种修正的还原论。我们当然确信这种修正十分有价值，但修正始终是修正。还原论的不同形式和次形式如今是，未来也很可能是科学研究的核心概念工具。我相信也只有通过还原论的方法，通过寻找生物和化学背后的关联，通过发掘导致生物复杂性形成的过程，我们才能圆满地回答“生命是什么”这个问题。最终，生命体和非生命体之间的差异必须被还原为生物和非生物两个世界中物质本质的差异，尤其是这些物质之间互相影响和反应的方式。

第 4 章

稳定性与不稳定性

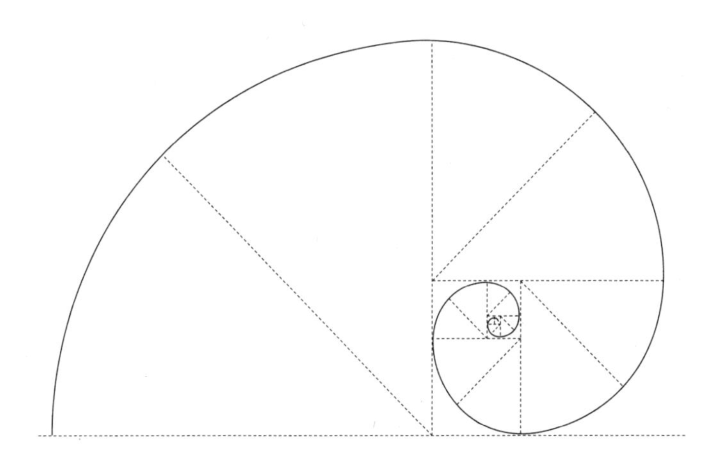

为什么会发生化学反应?

所有的生命体中都包含了成千上万个化学反应，而且生命体的基本组成单位——细胞——就是一个能将这些高度复杂的化学反应整合起来的系统。这个事实增加了我们理解生命体并阐明其特征的难度。我们如何才能认识这些反应发生的载体分子，并阐明化学反应之间复杂的相互作用？是不是有些反应处于核心的地位，而其他反应的地位则相对边缘呢？当然，如果我们试图进一步理解生命中的化学反应，就首先需要理解化学反应的常识。这些常识包括什么是化学反应，以及这些反应为什么会发生。那么，就让我们从讲解基本的化学反应开始吧。这是一个非常复杂的课题，要把这个问题讲清楚，我们至少需要教科书级别的篇幅。所以，我只能简略地谈谈那些和我们接下来的讨论相关的部分。我们的分析将揭示一个问题，即构成生命的化学反应具有一些特别的性质，而理解这些特性就是我们之后各章的重点。

所有化学反应都是将某些化学物质转化为另一些化学物质。比如，通过碱性物质来中和酸性物质的反应，将蛋白质分解为其基本组成单位氨基酸的反应，用氢气和氧气合成水的爆炸反应，这些都是常见的化学反应。刚才最后提到的氢气和氧气的反应非常容易发生，只需要一点儿火花或者催化剂（比如金属铂或钯），该反应就可以发生。但这个反应的逆反应，即水分解为氢气和氧气的反应却不能自发地发生。这是为什么呢？掌控着化学反应发生方向的规则是什么？广义而言，一个核心的化学法则可以回答这个问题，这个法则我们前面已经提到过了，它就是热力学第二定律。

热力学第二定律实际上是一个基本的物理定律，其广泛的适用性也就意味着它可以通过许多不同的方式表达出来。在当前的语境下，我们只要说化学反应朝着从**不稳定**的物质向**更稳定**的物质转换的方向进行就够了。打个比方来说，化学反应的发生就像从山坡上滚下来的球一样。化学反应沿着这样的“下坡方向”进行，此处“下坡”指的是更稳定的产物，即具有更低“自由能”的产物。由于水的自由能低于氢气与氧气自由能的总和，所以两个气体反应后产生了水，并且氧气与氢气中储藏的多余能量将以热量的形式释放出来。而由水分解为氢气和氧气的逆反应不能自发地发生，因为这样的情况和一个球不会自发地向上坡方向滚动是一个道理。

氢气和氧气混合物的自由能和水的自由能变化示意图见图 2。图左的氢气和氧气（H_2+O_2）的自由能要高于右侧产物水（H_2O）的自由能。

这个示意图也揭示了另一个要点，即从反应物氢气和氧气到产物水之间存在一个能量障碍（能垒）。尽管氢气和氧气混合物的自由能比水要高，但是从反应物到产物的自由能曲线并不是一直下降的。该曲线要先爬上一个能量高峰然后才会下降，这意味着在反应发生之前，反应物必须要先克服能垒的阻碍。这也是为何我们需要火花或者催化剂来推动这个反应发生。火花能给反应物提供起始的能量，从而跨越能

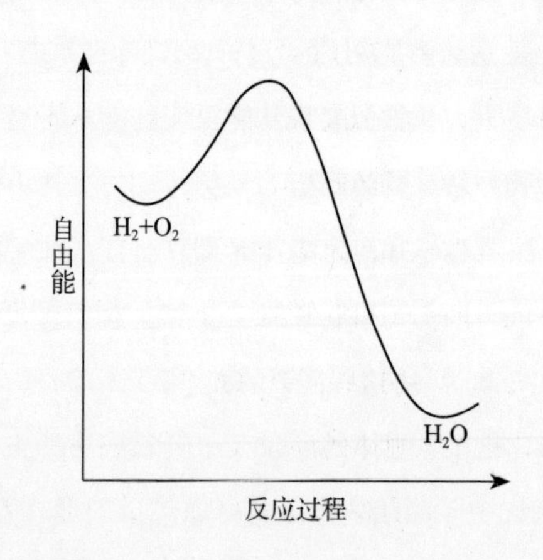

图 2　氢气和氧气（H_2+O_2）反应生成水（H_2O）的自由能变化示意图

垒的阻碍，然后反应就会按照下降的曲线自行展开。而催化剂的作用与火花不同，它能够降低能垒的高度，这样即便反应的起始能量没有增加，反应系统也能够跨越能垒。

我们可以从上面这个例子当中学到两个要点。其一，只有当产物的自由能低于反应物的自由能时，化学反应才能够发生。这个规律可以称为热力学因素（thermodynamics consideration），它决定了化学反应发生的方向。相应地，热力学第二定律也能预测哪些反应能够发生。一旦反应物达到了该物质组合最低的自由能状态，那么这个系统就已经达到了平衡态，所以便不会再有后续的反应发生。这种情况就像是跌落谷底的球，不会再滚动了。不过，反应物不处于平衡态、自由能也不是最低的情况并不意味着该系统一定会发生反应。因为，如果反应系统的总能量低于能垒，即系统处于局部的能量最低点，那么该系统很有可能因为无法越过能垒而不能达到产物的能量最低状态。这种情况就像是球在下坡时被困在了凹陷的地方，无法再继续滚动。因此，如果没有火花或者催化剂，氧气和氢气的混合物也可能不会发生任何反应。现在我们可以将这些简单的概念用化学语言表达出来：一个符合热力学发生规律的反应，在现实中发生与否，最终由动力学因素（能垒的高度）决定。但是，一个不符合热力学规律的反应，则一定**不会**发生。

熵与热力学第二定律

我们已经知道化学反应只有在符合热力学第二定律时才能发生。但是，我们还需要介绍另一个有用的概念，那就是“熵”。理解熵这一概念意义重大，因为熵是系统稳定性的关键因素，而且我们完全可以通过熵来表达热力学第二定律。

熵可以直观地理解为一个系统的混乱程度。如果你朝地面上扔几块积木，它们很有可能会散乱地堆积在地上，而不会整整齐齐地自动垒在一起。系统朝着混乱状态发展的倾向是热力学第二定律的固有性质，任何有序的系统都会朝着混乱的状态发展，并且这一点可以通过数据来解释。化学系统应对这种混乱倾向的原因和方式，就和我们收拾书桌一样。如果我们暂且不考虑能量的问题，一个将两种物质合成为一种物质的化学反应，从熵的角度来说是**不利**的，因为系统的熵减少，有序性**增强**；一个将单个物质分解为多个物质的反应是**有利**的，因为系统的熵增加了，相应地有序性也将**减弱**。相应地，系统中的自由能也可以使熵值增加。

复制与分子复制因子

催化剂在化学反应中普遍存在。事实上，我们完全可以说任何化学反应都可以用合适的物质来催化。在生物系统中，催化剂起到了重要的作用，这些催化剂也称作酶。如果没有合适的酶，大多数生物体中的反应将会进行得十分缓慢，甚至完全不会发生。正常情况下，一个反应的产物和催化剂是不同的物质。在前面的例子中，氢气和氧气反应可以产生水，那么这个反应的产物是水，而催化剂是金属或金属化合物。不过，试想一下一个反应的产物和催化剂是同一种物质的情况，那么产物将同时催化其自身的生成。这样的反应被称作自催化反应，这名称的含义显而易见，它指的是催化剂能催化其**自身**生成，而不是使其他物质生成的反应。乍一看，催化和自催化好像并没有太大的差别。但是，我们只要对比一下两种反应的速率，就会明白这样的第一印象实在是大错特错。如果我们分别让这两个反应发生，并在反应开始时提供 1 分子的催化剂（或自催化剂），那么通过简单的计算我们就可以知道两个反应生成少量的产物（比如说 100 克）所需的时间，这两者所需的时间有相当大的差距。对于需要催化剂的反应而言，所需的时间要以百万年计。而对于自催化反应而言，则仅需要 1 秒的一小部分就能完成！这两个看上去差不多的反应过程实际上天差地别（这里需要说明的一点是，在这个例子中两个反应所需时间的数据差别很大，因为反应起始的反应物只有 1 个分子，不过即便我们增大反应物的量，二者之间的差别依然十分明显）。请先容我提前表达一个观点——生命的本质就在于催化反应和自催化反应之间的巨大差别。不过，我们要阐明这个观点还需要进行更深入的讨论。

我们该如何解释催化反应和自催化反应在反应速率方面的巨大差异呢？简单来说，这就是指数的力量。之所以两个反应的速率会有这么大的差异，是因为在自催化反应中，产物形成的速率呈指数型增长——在一般的催化反应中，产物形成的速率呈线性增长，这两种增长模式之间存在着巨大的差异。如果这样的描述听上去太数学化了，那么让我们用一个经典的传说来讲解一下。传说在古代有一位中国皇帝在战争中被一位农夫救下，皇帝问农夫想要什么奖赏，农夫拿出了一个棋盘，说他希望皇帝能按照以下的方式赏赐给他一定数量的米：在棋盘第 1 格中放 1 粒米，在棋盘第 2 格中放 2 粒米，在棋盘第 3 格中放 4 粒米，以此类推，直到放到棋盘的第 64 格为止。这个要求听起来真是不能再普通了，皇帝对农夫这个微小的请求感到吃惊。毕竟，这能用得了多少米呢？半袋，还是一整袋？事实是，要满足农夫的这个请求，所需的米数量惊人。通过数学计算，所需米的总量是 $2^{64}-1$ 粒，结果接近 2×10^{19} 粒米，这可是个很大的数目。皇帝的粮仓和世界上所有的中餐厅加起来都拿不出这么多米，实际上，整个地球上也没有这么多米。如果真的有这么多的米，那么这些米将足够覆盖整个地球表面，而且有好几厘米厚。

相较而言，一般催化反应的线性增长模式，就像是在 64 个棋盘格上各放 1 粒米。所以放满所有棋盘格所需米的总量不过是 64 粒！这可是 64 粒米（代表着催化反应）和 2×10^{19} 粒米（代表着自催化反应）的差别。自催化反应显然是一类非同寻常的反应，它具有爆炸性的影响力。

但是自催化反应真的存在吗？答案是肯定的，它们确实存在，而且实际上在化学中十分常见。比如，丙酮溴化生成溴丙酮和溴化氢的反应就是自催化反应。这个反应由酸催化，而反应的产物之一溴化氢就是酸。不出意料，随着反应的进行，这个自催化反应的速率将急剧提高。不过，这种类型的自催化反应不是我们所感兴趣的。在几十年前发现的另一种自催化反应才真正称得上了不起。我指的就是长链状分子的自我复制，它们能产生复制自身的分子。这听上去很神奇，不是吗？但这并不是什么奇迹，这不过是化学而已。1967 年，伊利诺伊大学的微生物学家索尔·施皮格尔曼（Sol Spiegelman）在试管中进行了分子复制实验，这是分子生物学中一个伟大的经典实验。[27]

施皮格尔曼不过简单地将一个 RNA 链（RNA 是核糖核酸，它在结构上与其著名的近亲 DNA 有所不同），与处于自由状态的RNA基本组成单位和让反应加速的催化酶混合在一起。然后，RNA链就会开始自我复制。下面让我们来更详细地分析这个复制反应。像RNA这样具有自我复制的能力的分子，它们能诱导该分子的基本组成单位相互连接起来，从而生成原分子的拷贝。RNA结构的简单图示见图3（a），RNA的复制过程见图3（b）和图3（c）。从图3（a）中我们可以看到，RNA是由核苷酸片段连接而成的长链状分子。对RNA分子而言，组成链状分子的核苷酸有四种，我们可以简单地把这四种核苷酸标记为U，A，G和C。所以一个RNA长链可以用这四个字母的序列来表示，比如UCUUGAGCC……就像图上表达的那样。相应地，具有不同核苷酸序列的RNA链的数量，将随着链长的增加而迅速增长。哪怕是一条相对较短的RNA链——比如仅由100个核苷酸组成——其中的核苷酸通过自由组合，也可以生成数量巨大的不同RNA链，总数高达4^{100}条。这约等于1.6×10^{60}条，也就是16后面跟着59个0。

那么，既然可能生成的RNA序列数量如此之大，那么一个RNA在复制过程中是如何用四种不同的核苷酸，按照正确的顺序生成自身的拷贝呢？答案在于RNA分子本身将作为复制的模板。实际情况就是，RNA的基本组成单位，自由的核苷酸A，U，G和C会像图3（b）描绘的那样附着在

RNA 链上。复制过程的重点是，这种类似于钥匙配锁的匹配方式保证了只有合适的组成单位能够与 RNA 模板上的特定位置连接起来，所以新生成的 RNA 中核苷酸的序列并不是

（a）

U C U U G A G C C

（b）

负链

正链

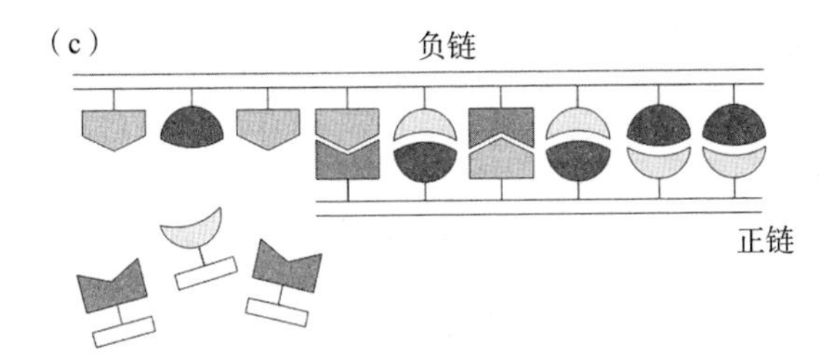

图 3 (a) RNA 分子示意图，RNA 分子由核苷酸 A，U，G，C 组成长链
(b) 正链 RNA 介导与其匹配的负链 RNA 的生成（从正链到负链）
(c) 新生成的负链 RNA 介导生成原 RNA 的复制（从负链到正链）

随机的，而是与原来的RNA链相匹配。一个U核苷酸（尿嘧啶）只能与RNA链上的A核苷酸（腺嘌呤）相配对，一个C核苷酸（胞嘧啶）只能与G核苷酸（鸟嘌呤）配对，二者反过来的情况也是一样的。

一旦单个的组成单位被锁定到模板RNA链上，每个核苷酸之间的间隔让它们能够相互连接形成RNA**二聚体**，即两条RNA链通过氢键连接在一起。因为两条链之间连接的力量比较微弱，所以两条RNA链稍后可以分开，所以现在我们有了两条RNA分子链，而不是开始的一条。当然，这两条链不是一样的而是互补的。因为，将两条链连接在一起的这种钥匙配锁的匹配方式——比如U与A相配，G与C相配——使得新生成的链实际上是模板RNA的**负链**，就像摄影中的负相一样。但是这意味着，一旦这条负链在第二轮复制循环中开始自我复制，这一过程所产生的新拷贝（负链的负链）就是**正链**了。所以，只有经过了两轮复制后，模板RNA链才能得到其本身真正的拷贝，这就是图3（c）所描绘的过程。所以，分子的自我复制是一个事实，它确实在现实中发生了。而且最重要的是，这是一个自催化反应。任何自我复制的反应从定义上来说都是自催化的。就像皇帝和农夫故事中的米一样，复制反应速度呈指数增长，能将少量的起始物质放大到极限，当然，实现这一切的前提是组成该物质的基本单位供应充足。

值得注意的一点是，在没有模板链的情况下，我们不能通过直接混合这些单个的基本组成单位（U，A，G，C）来获得新的RNA链。即便这种情况可以发生，它们也不能组成特定序列的RNA。只有在RNA分子作为模板的情况下，这些核苷酸的混合物才能根据模板RNA链，将不同的组成单位锁定到合适的位置，组成正确的序列，并且让它们相互连接起来，从而形成目标RNA链的拷贝。

在活细胞中，这种类型的分子复制是十分常规的反应。DNA分子是每个细胞的核心，这个长链状的分子中包含了生命体的基因。DNA的复制是细胞分裂中的一个关键过程，因为这样才能保证在每次分裂后生成的每个子细胞中，都具有原细胞中DNA的拷贝。换句话说，这个过程就是单个DNA分子变成两个一模一样的DNA分子的过程（排除掉复制错误的情况）。但是在活细胞中，这一复制过程非常复杂，因为这个反应发生在一个严格调控且高度有序的环境下。直到最近，仍然没有人知道这些反应在没有细胞结构辅助的情况下如何独立发生。从前，化学的内容虽然丰富多彩，却没有包括自我复制的分子这一类别。不过，这一现象在近年来已经发生了巨大的改变。事实上，1986年德国顶尖的化学家君特·冯·凯德罗夫斯基在这方面做出了卓越的贡献，他在没有任何酶起作用的情况下（也就是没有任何生物性辅助），首次成功地开展了分子复制实验，这才终于实现了纯粹的化学复制。[28] 让我们回想一下施皮格尔曼在 20 世纪 60 年代开展的复制实验，这个实验虽然意义重大，但依然需要酶来协助反应的进行，因此这并不是一个纯粹的化学过程。

现在，让我们来总结一下到目前为止提到的化学要点。

1. 化学反应只能沿着系统能量下降的方向进行，不稳定的反应物将转化为更稳定的产物。

2. 根据热力学规律可以发生的反应并不一定会发生，即便发生也有可能因为动力原因使得反应速率十分缓慢。反应系统需要克服能垒才能让反应发生。

3. 模板分子的自我复制是化学反应，这类反应具有独特的动力学特质。自我复制作为一个自催化反应，可以使模板分子指数级地增加，直到将资源（该分子的基本组成单位）用尽为止。

正如我们将会见到的那样，自我复制分子的发现具有重要的意义，因为这些分子的存在正是理解生命如何出现的基础，也是理解非生命物质如何从一个简单的起点，在经历了漫长而艰苦的道路后形成复杂生命体的基础。当然，单个的自我复制分子，无论是 RNA 还是其他类似的结构，都不能仅靠其本身而形成生命，哪怕是最简单的生命形式都不可能。因为，它们毕竟只是分子而已。事实上，从各个方面而言，自我复制反应都是一个受化学反应规则控制的化学反应，就像其他反应一样。但是，自我复制反应的一些特质让我们认为这可能就是生命产生的起点。我已经指出，自我复制反应的自催化特质从动力学上来说十分特别，它可以将反应的效果急剧地放大，就像将成倍数量的米放置在棋盘上那样，最终得到惊人的数字。我们现在就来看看，自我复制反应的动力学特征会如何将我们引导到一个出人意料的化学方向上去。事实上，这个化学的分支十分独特且独立，由于其独特的性质，它甚至有了一个不同的名称：生物！不过，要阐明这一点，我们首先需要深入地了解一个基本的自然概念。这个概念我们在介绍热力学第二定律时已经简单提到过了，那就是“稳定性”的概念。

化学稳定性的本质

稳定性是一个相对简单易懂的概念，如果一个个体能够在一段时间内维持不变，那么这个个体就是稳定的。不过，在物质世界中，稳定性可以被分为两个不同的种类，即**静态稳定性**与**动态稳定性**，前者的含义很容易理解，而后者可能还需要一些解释。静态稳定性很好解释，举例来说，水是热力学意义上的稳定物质，如果用适宜的方法将水提纯，那么它可以在一段时间内维持不变，水维持不变的时间段甚至还可以继续延长。正如我们之前讨论过的那样，静态稳定性就是热力学意义上的稳定性。

不过稳定性还有另外一种形式，一种不同于静态稳定性的动态形式。请想象一条河流，比如说穿过伦敦市中心的泰晤士河。泰晤士河的起源可以追溯到 3 000 万年前，当时泰晤士河还是莱茵河的一条支流。但是，现在泰晤士河的河道和外貌与数千年前的样子相比并没有发生太大的改变。如此说来，泰晤士河作为一个个体应该是比较稳定的。不过，泰晤士河的这种稳定性和具有静态稳定性的系统非常不同。形成泰晤士河的水流，**不是固定不变的，而是处于不断改变的过程中**。从这一意义上来说，今天我们眼前的河水和我们上次见到的河水是完全不同的。这种稳定性就叫作**动态稳定性**，喷泉（或者瀑布）是稳定的（只要能源源不断地供水）但是构成那个喷泉（或瀑布）的水却在不断地更新。

那么，河流、瀑布、喷泉这类事物所展现的动态稳定性与化学反应又有什么关系呢？其实二者之间的关联还是很紧密的。现在，让我们回到分子复制的问题上来。由于分子在自我复制的过程中，反应速率呈指数型增长，所以就像在棋盘上成倍数地放米一样，这个过程是**不可持续**的。如果一个分子要复制 160 次（当然这种情况仅在理论上成立），那么这一过程将会消耗与整个地球的质量相当的资源！这也意味着任何一个复制系统（无论是由复制分子、兔子，还是其他可以复制的物质所构成），如果想要保持稳定，那么该系统的生成速率一定要与其分解速率保持平衡。换句话说，为了让复制反应在一段时间内持续下去，那么系统的分解速率一定要与其生成速率相适应。在这样的条件下，复制反应才能在理论上无限地进行下去。

但是，什么会导致复制系统的分解呢？如果一个复制体是化学物质，比如说是一个复制分子，那么这个分子将会经历一系列相互竞争的化学反应，导致该分子不久就会被分解。比如 RNA 寡聚体（寡聚体是一个由基本组成单位构成的链状分子）和肽就是一个复制分子的基本范例，这一系统从热力学的角度来说并不是非常稳定，因为它处于不断分解的过程中。如果一个复制体是生物系统，比如一个细菌或者其他多细胞生物，这种系统的复制过程和化学系统中的情况差不多。这时，分解（现在可以称为死亡）的威胁也在四周虎视眈眈。缺乏营养、生物或化学攻击、物理损伤、凋亡（细胞的程序性死亡）或者其他机制，最终都将导致生命体的死亡。无论是什么机制造成了生命体的死亡（分解），其结果会平衡系统中不断发生的复制，从而维持复制系统的动态稳定性。

不过，重点在于如果一个复制系统在一段时间内是稳定的，那么系统中稳定的是复制因子的**群体**，而不是组成群体的**单个**复制因子。单个复制因子就像河流或喷泉中的水珠一样，无时无刻不处在更新的状态中。换句话说，一个具有稳定性的复制因子群体，无论构成该群体的复制因子是分子、细胞还是兔子，其稳定性是动态的，就像河流和喷泉的情况一样。所以，我们不妨把一个稳定的复制分子群体想象为一个**分子喷泉**。这样，我们将发现生命让现代生物学家们头疼不已的动态性，直接来源于复制反应的动态特点。

在化学系统的语境中，静态和动态稳定性的含义有很大的差别。在一个"常规的"化学世界中，系统的稳定状态指的是其内部**不会发生反应**。稳定性的本质就是缺乏反应。但是，在一个复制系统中，该系统的稳定性（"稳定"指的是维持现状并且保持前后一致）只有在其中发生反应、不断进行自我复制的基础上才能实现，并且一个系统中的复制因子的反应性越强，该系统也就越稳定，因为这些复制因子能更高效地自我复制，从而维持系统的一致性。系统的反应性越强也就越稳定——这听上去几乎是一个悖论。因此，我们把复制系统所具有的这种稳定性称为**动态动力学稳定性**。之所以把这种稳定性称为“动态”的，原因我们已经简单陈述过了，不过我们还需要介绍另一个术语“动力”，这样才能将化学意义上的动态稳定性，与喷泉、河流等系统的物理动态稳定性区分开来。对复制系统而言，系统的自我复制速率和分解速率是决定系统稳定性的关键指标。**较快**的复制速率和**较慢**的分解速率有助于维持系统的高度稳定性，因为这样能够生成大量的复制因子群体。苍蝇和蟑螂从动态动力学角度而言是高度稳定的，因为它们能够高效地维持一个大规模的群体，这一点也常常令我们感到苦恼；熊猫这样的群体在维持稳定性方面就比较低效。确实，复制系统的低动态动力学稳定性，无论是由缓慢的复制还是快速的分解造成的，都有可能在某个时候导致该系统中的群体走向灭绝。

前文已经描述了动态动力学稳定性的独特性，以及这种稳定性与一般稳定性的差别所在，那么可能有人会想问，这两种稳定性中哪一种更好呢？哪一种从本质上来说更“稳定”呢？这些问题就像问苹果和橘子哪个比较好一样，不存在确切的答案。这两种稳定性不能进行直接的比较，而且事实上动态动力学稳定性只能通过很有限的方法进行量化。但是，我们可能会直觉性地认为，基于低反应性的静态稳定性是更稳定的状态，这种状态才是更加持久的。其实并不一定！只要认真观察一下我们周围的世界，我们就能发现出人意料的结果。比如，珠穆朗玛峰这样一个静态平衡的个体，根据地理学家的推测，已经存在了6 000万年了，这无疑证明了静态稳定性的坚实基础。但是，一种非常古老的生命形式蓝细菌（蓝绿藻），已经在地球上存在了数十亿年，但是至今蓝细菌的形态都还没有发生过什么改变。生物学家们可能会就蓝细菌存在的时间段展开争论，讨论它们究竟存在了25亿年还是35亿年，但是蓝细菌已经存在了数十亿年这一点是毋庸置疑的。这才是真正的稳定！当然，我们在这里所说的蓝细菌是一个动态稳定的系统，如今的蓝细菌当然和数十亿年前的蓝细菌不是同一批。但是，通过不断地复制，它们得以在地球上持续存在很长的一段时间。更明确地说，尽管复制系统具有动态的特质，但我们并不能因此低估这种系统所具有的稳定性，比如在地球总共46亿年的历史中，蓝细菌的存在就横跨了其中很大一部分的时间。

我们到目前为止的讨论已经说明了（静态）热力学稳定性和动态动力学稳定性分别适用于不同的系统，而且它们之间也存在本质上的差异。但是，存在两种不同的化学稳定性这个事实，能帮助我们认识分别属于这两种类型的系统的物理化学特征。因为，各自属于两种不同的稳定性类型的化学系统，必然也各自遵循不同的转化规则。也就是说，存在两种化学！一种化学是“常规的”或者说是传统的化学，这个类别数百年来被研究得很透彻了，已经是一门成熟的科学。而另一种化学则是复制化学，也就是研究复制系统的化学。这种化学属于“系统化学”这一新兴的研究领域，这一领域仍然处于萌芽阶段。[29] 对该领域的系统性研究开始于 20 世纪 80 年代，许多化学家们甚至都不知道这个领域的存在。下面让我们仔细了解这“另一种化学”，它为什么会出现，又具有什么基本特征，以及这个新兴的领域是如何成为连接化学与生物的基础的。

复制因子的转化规则

1989 年，理查德·道金斯曾暗示，有一条自然界的基本法则在生物世界和更广泛的物理化学世界中同样适用：“稳定的个体适于生存。”[30] 2001 年，史蒂夫·格兰德（Steve Grand）在他的著作《创造》（*Creation*）一书中用不同的方式表达了这个观点：“恒常的事物是恒常的，不恒常的事物是不恒常的。”[31] 这听上去很像同义反复，从某种角度来说这也确实是同义反复。不过，在这看似平庸的观点中隐含了一个重要的信息。一旦一个物质（从经验上）被证明，它很容易因为化学作用的影响而发生改变，那么该物质将更倾向于从没那么恒定的状态向更恒定的状态转化，换句话说，也就是**从不那么稳定变得更稳定**。恒定的物质不容易改变，因为它们……恒定。当然，不够恒定的物质倾向于改变，因为它们没有那么恒定。所以从定义上我们可以这样来描述物质——它们倾向于从不恒定的状态转化为更加恒定的状态；或者借用稳定性的概念我们可以说——它们会从不够稳定的形式转变为更稳定的形式。事实上，这就是化学动力学和热力学的核心，即依据化学系统向稳定形式转变的倾向来解释或者预测可能发生的反应。那么，控制这种转变的中心法则是什么？是热力学第二定律。氢气和氧气的混合气体可以轻易地反应生成水，因为氢气-氧气的混合气体不稳定，而它们的产物更稳定。当物质发生化学反应时，它会从热力学角度不够稳定的反应物转变为更稳定的产物。

但是，在复制因子（比如说复制分子）的世界中，情况又如何呢？控制这个世界的法则又是什么？当然，一个复制分子可以通过化学反应转化为一个或多个不能再进行复制的分子。不过这种反应不是我们现在所要关注的问题。基本的化学反应规律已经足够解释这些反应了。我们感兴趣的是将一个复制分子（或一系列分子）转化为**其他**复制分子（或一系列分子）的反应。这些将复制系统作为一个单独类别来处理的反应才是我们应该进一步探索的。我们将会发现，这类分子具有十分独特的潜力。那么现在的关键点是，鉴于适用于复制系统的是动态动力学稳定性，而不是热力学稳定性，那么可以**有效**控制复制系统转化过程的**不是**热力学第二定律，而是能通过动态动力学稳定性来表达的规律。这一规律可以简略地陈述如下：

> 复制的化学系统倾向于从（动态）动力上不太稳定的状态转变为（动态）动力上更稳定的状态。

这一选择定则（selection rule）类似于常规化学世界中的选择定则——热力学第二定律。复制因子和常规化学世界中的化学系统都倾向于朝着更稳定的状态发展，但是由于控制这两个世界的稳定性各不相同，所以这两个世界也相应地遵循不同的选择定则，热力学稳定性控制着“常规”的化学世界，动态动力学稳定性控制着复制因子的世界。正如我们将会看到的那样，这两个独特的选择定则具有重要的意义。但是，在我们讨论其意义之前，我们有没有证据证明复制因子的世界确实具有一套不同的选择定则呢？答案是肯定的。让我们回到索尔·施皮格尔曼和他在数十年前开展的RNA复制实验。

当我在这章的前半部分介绍施皮格尔曼的实验时，并没有全面地描述具体的情况。没错，当一条RNA链与它的组成单位（以及起催化作用的酶）混合时，自我复制反应就会发生。但是，伴随着自我复制反应，还会有其他一些重要的反应发生。有时复制的过程并不完美，因为模板上可能会附着错误的核苷酸片段。比如，一个 C 核苷酸可能会与模板链上的 U 核苷酸错配，而不是 U 核苷酸与 A 核苷酸正确配对。所以，这种偶尔出现的复制缺陷可能会导致 RNA 链的突变。换言之，在复制进行了一段时间后，溶液中不但会有**原始的** RNA 链，还会有**变异的** RNA 链。施皮格尔曼针对这一现象提出了一个了不起的洞见。即反应发生了一段时间之后，在含有突变 RNA 链的溶液中，RNA 复制的速度比只有原始 RNA 链时更快。事实上，原始的 RNA 链在反应发生了一段时间后，甚至有可能从溶液中消失。换言之，这时在分子的层面发生了一个与达尔文的自然选择过程极其相似的现象，RNA 链"进化"了。由于 RNA 短链比 RNA 长链的复制速度更快，所以如果起始的 RNA 链由 4 000 个核苷酸构成，那么它可能会不断缩短，到最后只剩 550 个核苷酸。RNA 短链的复制能力如此惊人，令它也被称为施皮格尔曼的怪兽！

在我们继续讨论之前，我们要注意施皮格尔曼所发现的进化过程从本质上来说是化学的，而不是生物的。无论从哪个方面来说，一条 RNA 链都无法构成生命，它只是一个分子——当然，由于这种分子通常存在于生命体中，所以也可以将其称为生物分子，不过分子始终只是分子。而且事实上，一条复制缓慢的 RNA 链倾向于朝着复制速度更快的链进化，这背后自有其化学的原因，更准确地说，是有化学动力学的原因。其中的原因完全是化学的，与生物毫无关系。虽然目前我们还不宜去对两个分子之间相互竞争的复制反应展开详细的动力学分析，但是基本的原理很简单。当一定数量的不同复制分子同时争夺一样的基本组成单位时，复制速度更快的复制因了的数量将超过复制速度慢的复制因子，所以一段时间之后，复制速度慢的复制因子将逐渐消失。实际上，复制速度慢的复制因子将被快的复制因子替换这个现象，和我们前面所提到的复制系统的选择定则是一致的。

最后的一个要点是，我们要弄清楚静态稳定性和动态稳定性二者之间的关联。复制世界遵循的规则将推动系统朝着动态动力上更稳定的状态发展。这个结论虽然是正确的，但是却需要进一步的证明。我们可以通过俄罗斯套娃的比喻来说明这一点。虽然复制世界由一个类似于热力学第二定律的规则掌控，但是没有任何物理或者化学系统能够违背热力学第二定律本身。热力学第二定律才是宏观而全面的规则，它掌控着物质世界中所发生的**所有**转变。那么，两条不同的法则又如何能在同一个系统中运行呢？答案是，控制着复制系统的规则本身也受到热力学第二定律的约束，虽然这规则与热力学第二定律很相似。二者之间的关系就像俄罗斯套娃一样，一个套娃里还包含着另一个套娃。我们还可以用日常生活中一个简单的例子来说明这个问题。

比如，你的汽车坏了，你让修理工解释一下汽车损坏的原因。如果这时修理工吞吞吐吐地用热力学第二定律来解释你车坏了的原因，那么即使他的解释从理论上来说完全正确，你也一定会感到十分沮丧。因为这种解释虽然是正确的，但是却没有什么实际用处。一切不可逆过程的发展方向都受到热力学第二定律的控制，所以无论让汽车损坏的原因是什么，从根本上来说都可以归结于热力学第二定律。那么，为什么这样的回答并不能让人满意呢？因为还有一套单独控制汽车运行的规则，比如引擎的运作方式等等，这一套规则本身被包括在了热力学之内。也就是说在热力学这个大的套娃里，还有引擎的运作规则这个小的套娃。为了修好你的车，你需要了解的是“小套娃”所处的语境，也就是专门针对汽车引擎的规则。汽车损坏的原因究竟是燃油管阻塞了，还是正时皮带坏了？热力学第二定律所提供的是更宏观的解释，虽然这解释是正确的，但是却没有实际的用途。这和复制系统中的情况是一样的，稳定的复制系统依照我们前面所说的原则来维持正常的运作。但是复制系统的独特性并不独立于热力学第二定律而存在，它依然受到热力学第二定律的约束，正如其他所有受到第二定律控制的物质系统一样。这两套规则之间不存在任何矛盾。俄罗斯套娃的比喻让我们明白，如果想要理解复制世界中发生的反应，我们要先考虑控制**那个**世界的法则，而不是控制**所有**物质系统的宏观的热力学定律。广义而言，分子复制和生物进化的反应都遵循热力学第二定律的说法是正确的，但是这就像用热力学定律来解释汽车损坏的原因一样，虽然正确，但是没有什么实际意义！

尽管我们在这一章中主要从化学的角度讨论了稳定性和反应性的概念，不过我们随后会发现这就是让我们将生物与化学联系起来的桥梁。我们将发现生物词汇“适应性”直接与化学词汇“稳定性”相关联。在我们深入探索化学与生物之间的联系，以及化学和生物复制因子之间的关系前，我们首先要思考一下地球上生命的起源，也就是最初从化学到生物的转变过程；除此之外，我们还要了解为何这个问题时至今日依然充满了争议。正如我已经指出的那样，如果我们希望理解生命是什么，我们必须要先理解生命起源的本质，即便我们还不能尽数揭示其中的细节。

第5章

生命起源的疑难之处

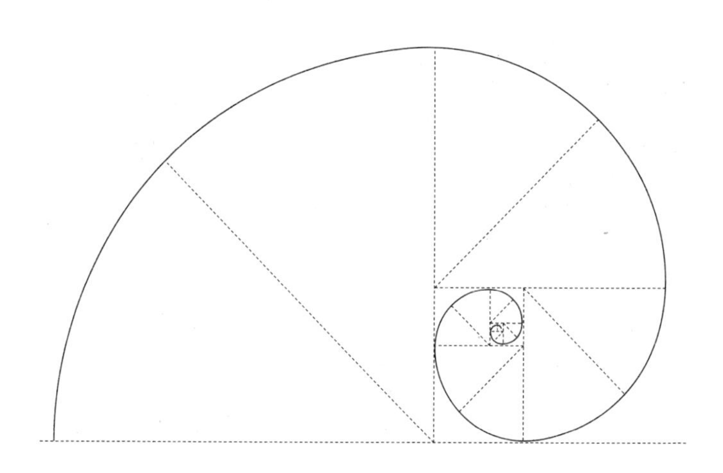

人类对生命和生命起源的不懈探索可以追溯到 3 000 多年之前。《圣经 · 旧约》的第 1 章“创世记”就描绘了生命起源这个了不起的事件。如果我们从“创世”开始讲述生命的起源，那么这个故事就太漫长而曲折了。不过，我们可以从 20 世纪早期开始讲起，因为从那时开始，现代科学才对生命起源这一问题展开了严肃的讨论。

生命的起源是一个十分复杂的问题。哈佛大学著名化学家乔治 · 怀特塞德（George Whitesides）曾经坦率地说过：“正如我一样，大多数化学家都认为，生命是从生命起源之前地球上的分子混合物中自然地产生的。至于具体是如何产生的，我一无所知。”这段话很到位地总结了真实的情况。在本章中，我将会回顾这个长期存在的问题，指出其中主要的难题和如今的争论点所在。我采取的分析方法将只关注那些关键的问题，而不求面面俱到。[32]

让我们从一个未经证实的基本假设开始，该假设认为在46亿年前，在太阳系形成了一段时间后，地球上的生命才开始从无生命的环境中出现。这一假设也是现代生命起源观点的基础，该观点由苏联生物化学家亚历山大·奥巴林（Alexander Oparin）和英国进化生物学家和遗传学家J. B. S. 霍尔丹（J. B. S. Haldane）在20世纪20年代提出。关于生命起源的另一种观点是胚种论，该观点认为生命起源于地球之外，它们通过某种方式被带到前生命状态的地球上来。不过，这个丁20世纪早期由著名物理化学家古斯塔夫·阿列纽斯提出的观点，如今已经不被大部分科学家所认可了，一些著名的科学家，包括弗朗西斯·克里克也曾经是这一观点的支持者。胚种论所面临的主要困境是，这一观点并不能回答“自然发生说”（abiogenesis，该学说认为生命起源于非生命物质）的问题，这个观点只不过是把问题转嫁到了一个无法定位的宇宙空间而已。无论生命是在哪里产生的，根本的问题依然没有改变：生命是如何从非生命中产生的？

历史和非历史的方法

在我们开始详细探讨生命的起源问题之前，我们需要强调的一点是，这个问题有两个截然不同的层面，一个是**历史**

的层面，另一个是**非历史**的层面，而只有将这两个层面结合起来看，才能为这个问题找到完整而令人满意的答案。从历史的层面而言，我们需要解决的是一个“**如何**”的问题，即生命是**如何**产生的。要回答这个问题，我们就必须要解释清楚化学反应如何在前生命状态下的地球上发生，包括具体的化学反应路径如何一步一步地将非生命的物质转变为最简单的生命形式。其中关键的问题包括：构成生命的基本分子组成单位是什么？让这些基本组成单位发生反应的条件是什么？在漫长的进化过程中，又是哪些关键的中间步骤推动了这些物质向简单生命形式转变？我们很快便会发现，研究者们在这些问题上还没有达成广泛的共识，不只如此，我们对于地球在前生命状态时期的了解整体而言都很匮乏。

从非历史的层面而言，我们要关注的是“**为什么**”的问题：为什么非生命的物质会不遵循其自身的结构规律，而朝着更加复杂的生物方向转变，并最终形成简单的生命形式？我提出这个问题的目的是要找到生命起源的主要动力，就像牛顿想找到“苹果为什么会坠落？”背后的原因一样。是不是至少从原则上而言，生命起源的过程可以被许多不同的物质所诱发？又有哪些物理化学规律可以解释这奇妙的化学变化？针对最后这个问题，我们能否进一步推测，在诱导无生命物质向复杂的生物体转变的过程中，还存在某种“物理的”

推动力？我们提出的这个问题背后有一个基本的预设，那就是生命的出现不仅仅是一个随机的事件，而是被现存物理化学规律所诱发的。稍后，我们便会针对这一预设展开详细的讨论。因此，在非历史层面的研究上，我们不会专注于某种非生命物质的特定分子构成，而是会寻找物质的共性，看看到底是**哪一类**物质有可能成为生命，以及哪些物理化学规律能诱发非生命物质转化为简单的生命形式。正如我们即将看到的那样，即便是这个问题也充满了争议和不确定性。

鉴于我们缺乏对生命起源的了解，所以我希望结合历史和非历史这两个层面来增进我们的理解，从而尽可能全面地认识生命的起源。在此之前，我们最好先说明这两个层面之间的关联。事实证明，其中任何一个层面的信息都可以帮助我们了解另一个层面的信息。为了说明这种关联，让我们先用一个物理学上的例子来做个类比，假如由于流水侵蚀或是地震，一块巨石从原本的位置松动了，然后从山坡上滚了下来，最后停在了山坡的底部。针对这样的情况，我们可以轻松地指出一个物理事件的历史和非历史层面。在历史的层面上，需要解决的“**如何**”的问题是：巨石滚下来之前的原始位置在哪里？它是沿着什么样的路径滚下来的？从理论上来说，石头的起始位置有无数种可能，相应地也可能有无数种下坡的路径。至于非历史层面的“**为什么**”问题是：为什么石头一旦从原始位置松动下来就会沿着山坡滚落？当然在这个例子中，问题的答案很明显，是重力的作用让地球表面的所有物质都朝着低势能的位置移动，因此石头会朝着下坡的方向滚动。我们发现这些“为什么”的问题，其答案都受到普适性规律的限制，而不受到石头具体的位置和地形特征等因素的影响。

这个巨石的类比可能看上去微不足道，但是其中却隐含了重要的信息。那就是，一个事件的历史层面和非历史层面是相互影响的。比如，理解非历史层面（重力作用引起石块移动的规律）能够帮助我们理解历史层面的问题（石块移动的具体路径）。当然，由于我们对重力性质的了解，我们可以排除石块悬浮到空中，然后直接飞到最终目的地的可能性，只需要考虑符合重力作用的路径就可以了。二者之间的关联，反过来也是成立的。假设我们并不熟悉重力定律，但是能获得石块的运动轨迹，那么这个信息也能增进我们对石块运动所遵循的一般法则的了解。因为，一旦我们知道了石块的运动轨迹，我们就会发现石块朝着低势能的位置移动，它们总是从海拔高的地方滚动到海拔低的地方，不会反向而行朝着高处滚动。所以，了解特定的运动轨迹（事件的历史层面），是了解控制石块运动的一般法则（事件的非历史层面）的关键步骤。

同理，如果我们想专门了解生命起源在历史层面的问题，那么了解控制简单分子系统向复杂生命系统转换的规律将帮助我们找到形成生命的起始物质，还有引导这些物质向早期生命形式转化的一系列反应。这些规律能提示我们哪些历史层面的证据值得我们去探索。反之亦然，找到非生命体向生命体转化的具体反应，能够协助我们认识这一转换过程所遵循的一般规律。

不过，这一点也正是困难所在。我们严重缺乏关于生命起源问题的各种信息。让我直说好了：由于我们还在努力探索生命起源的非历史层面，所以我们不清楚该从哪里着手去发掘它的历史过程；又因为我们没有生命起源的确切历史证据，比如生命出现的地点和环境，因此我们也不能依靠历史数据来构建并理解非历史的一般规律。这就是我们所面临的“第 22 条军规”式的困境。

那么，下面该如何继续我们的讨论呢？首先，我想就生命起源这个问题发表一个颇有争议的观点：“从科学的角度而言，生命起源的非历史层面更加重要，并且也更容易探索和解决。”稍后，我将说明为何这一观点会极大地影响我们讨论的本质。我将解释为什么在还不理解生物复杂化背后的规律之时，就试图去追踪生命起源的历史机制，不但不能解决问题，反而可能会让情况更加复杂。因为，这些关于生命起源的假说通常无法被验证，而且这些假说提出的生命形成过程都非常具体，所以它们并不能回答宏观的非历史问题。在这个简短介绍的基础上，现在就让我们来更详细地分析这个问题吧。

地球上生命的历史

我们目前知道哪些地球早期生命形式的历史信息呢？根据放射测年法，我们基本可以推断地球形成于46亿年前，在地球形成后最初的6亿~8亿年间，地球上的环境不适宜生命的产生。在这段初始的时期里，地球受到了来自太空的频繁撞击，撞击的能量能够汽化海洋，并令地球表面成为不毛之地。我们可以从古生物学记录中得到地球上生命最早的证据，早期微生物化石和最新的研究结果显示，最早的生命记录距今已经有34亿年。[33] 所有这些化石记录展现的都是相对高级的细胞生命结构，所以我们无法仅凭这些结果来探究非生命向生命转化的过程。也有间接的证据表明，早期生命的存在可以追溯到38亿年前，不过这种说法依然充满了争议。[34] 换言之，我们只有大约34亿年前，细胞生命形态已经正式形成后的古生物学证据。因此，我们唯一可以得出的结论就是，这些形态丰富的古生物学证据并不能为生命的起源问题提供直接的答案。

第二个能有效探索地球上生命历史的方法是系统发育学分析，或者也可以将其简称为序列分析。曾获得诺贝尔奖的生物物理学家马克斯·德尔布吕克（Max Delbrück）1949年在康涅狄格州艺术科学学院讲道："每一个活细胞中都携带了数十亿年的实验经历。"序列分析依据的就是这个道理，这一方法通过探索生命进化的历史，揭示了生命体之间的联系，使我们得以构建出**生物进化树**。在进化树底部的是"最后共同祖先"（Last Universal Common Ancestor, LUCA），也就是地球上所有生命距现在最近的一个共有的祖先，所有生命都自它进化而来。从树干的底端开始不断地出现越来越多的分支，每个分支都代表着一个新的物种。树的顶端代表了如今地球上存在的所有生物，而处于较低位置并且突然中断的分支则代表了灭绝的物种。所以只要我们从任意一个分支开始回溯，便可以发现某个物种的完整进化过程。

序列分析为何能揭示进化树的结构呢？首先要提到的是核酸和蛋白质，这两种生物分子掌控了所有生命体的性质和形态，它们的特点我们在前面的章节中已经描述过了。这两种化合物都是由单体组成的长链状分子，对核酸而言单体是核苷酸，对蛋白质而言单体是氨基酸。由于组成核酸和蛋白质分子的单体有多种可能的类型（可能组成核酸的核苷酸有

4种，可能组成蛋白质的氨基酸有20种），因此由单体组成的这两种生物分子的**序列**可以产生许多不同的变化。不过重点是：从进化的角度而言，两个物种的亲缘越近，这两个物种的生物分子序列的相似性也就越高。因此，通过对大量物种开展比较分析并且研究不同生命形式之间的谱系关系，我们就能构建出进化树了。

从20世纪70年代开始的序列分析研究获得了大量成果。在开展序列分析之前，人们认为**古菌**和**细菌**这两种单细胞生命形式之间有密切的关系，因为它们形态相近并且都是原核生物（不具有细胞核和其他细胞器）。古菌通常存在于严酷的环境中，比如温泉和盐湖等一般细菌无法生存的环境。但是到了20世纪70年代末，卡尔·乌斯开展的前沿序列分析研究的结果显示：与细菌相比，古菌实际上和真核细胞（也就是组成你我的细胞）更为接近。所以，这两种看似亲缘关系较近的原核生命形式，实际上分属于不同的生命界。人们原本认为进化树由原核生物和真核生物**两个**不同的界所构成，现在有了三个界，分别为古菌界、细菌界和真核生物界（见图4）。序列分析是阐明物种间谱系关系的有效方法。至此，构建进化树的关键步骤已经完成了。不过该方法能给我们带来的好消息也到此为止。将序列分析应用到生命起源问题上的尝试都以令人失望的结果告终。在这个问题上，序列

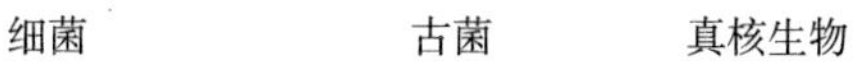

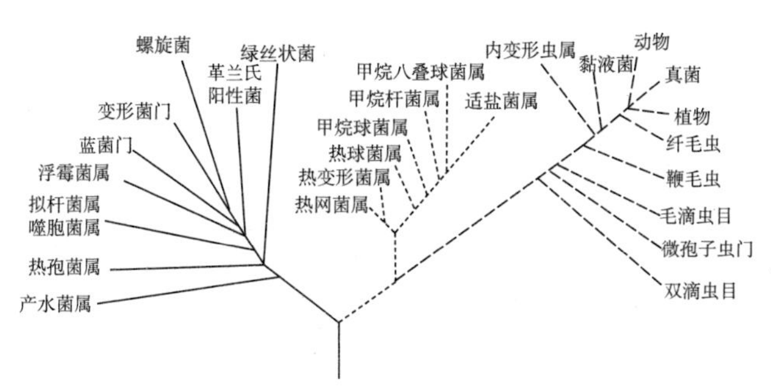

图 4　基于核糖体 RNA 测序绘制的进化树（图中展现了生命的三个界：细菌界、古菌界和真核生物界）

分析不能为我们带来任何突破。下面就让我们来看看为什么会有这样的结果。近年来，哪怕是将序列分析应用于已知的生命形式，该研究方法的有效性都受到了质疑。问题开始于 20 世纪 90 年代，因为从那时起，人们对整个基因组而不是仅对 RNA 和蛋白质的测序变得可能。

问题在于，通过不同分子探针获得的进化树拓扑结构常常不同。比如，一种进化树结构可能显示物种 A 和物种 B 的亲缘很近，和物种 C 却没有什么关系；不过通过其他方式得到的结果则可能显示物种 A 和物种 C 有紧密的亲缘关系，和物种 B 没有什么关系。显然，这些相互矛盾的进化树拓扑结构不可能都是正确的。造成这个异常现象的主要原因很快就被找到了，那就是水平基因转移（Horizontal Gene Transfer, HGT）[35]，它指的是一个有机体将其遗传物质转移到其他非后代的有机体中的过程。水平基因转移和传统的垂直基因转移不同，传统的基因转移方式是通过亲代到子代这样普遍的遗传过程实现的。水平基因转移使得进化树上的结构在生物谱系上的意义变得模棱两可，进化树的轮廓开始变得模糊。

对已知的生命形式而言，水平基因转移造成了多大的影响？这引发了持续的争论。这个问题让生命的起源变得更加复杂了。我们往进化树的开端追溯得越远，水平基因转移造成的影响好像就越大。事实上，一生致力于系统发育学分析的卡尔·乌斯认为，早期细胞是松散而模块化的组织，但进化则是一个集体而非个体的过程，所以，早期细胞个体甚至不具有稳定的谱系记录。[36]也就是说，位于进化树底端的最后共同祖先，可能只是人们为了得到树状图形而牵强地从测序数据中得到的假象。如果这一推断与事实相符，那么将造成重大的后果。这意味我们无法确定那个最后共同祖先的性质，甚至连它存在与否都说不准。当然，这也使得人们对最后共同祖先之前的个体展开系统发育学分析的尝试显得更加值得质疑。系统发育学分析方法在经历了40余年的应用后，如今需要经历一次新的评估。至少对古菌和细菌而言，生命的进化之树已经被生命网络所取代了。一个树状的拓扑结构理所当然地将进化回溯到树干和树根，而一个网状的拓扑结构却不具有任何的指向性，也不能提供任何有用的历史信息。我们唯一有把握说的是：对于已知生命形式和最后共同祖先的系统发育学分析方法正在被不断地质疑和修正。试图从系统发育学中获取关于**早期**过渡生命形式（早于最后共同祖先的生命）的有效信息，至少在现在看来是一个充满问题的方法。

我们已经讨论了通过古生物学和系统发育学方法来获取地球上早期生命的历史信息的情况。我们发现，这两种方法都不能对非生命体向生命体转化的过程提供任何解答。不过，还有一种方法也许能够给这个历史问题提供有用的信息：分析前生命状态的地球上有可能发生的化学反应。那么研究前生命化学能给生命起源这个问题带来新的洞见吗？令人遗憾的是，这个问题的答案也并不令人振奋。尽管人们在这个研究方向上倾注了大量的努力，但是迄今为止仍然收效甚微。现在让我们来看看这些研究所带来的贡献，并思考一下为什么这些努力只产生了有限的成果。

前生命化学

显然，如果生命能在地球上出现，那么组成所有生命系统的基本单位一定早就存在了。相应地，我们应该能够通过分析前生命地球环境下可能产生的物质，来得到一些关于生命起源的启示。虽然早在1924年，亚历山大·奥巴林就在一篇名为《生命起源》(*The Origin of Life*)的文章中提出了一些关于前生命时期有机物形成的早期猜想，不过真正将生命起源问题摆到重要位置的是美国化学家斯坦利·米勒(Stanley Miller)[37]。米勒在实验中将氢气、氨气、甲烷和水蒸气混合在了一起，这4种气体在当时被认为是前生命时期大气层的主要组成成分。他还通过朝这些混合气体中通电来模拟原始的闪电。这时的米勒不过是芝加哥大学的一名研究生而已，他的导师是诺贝尔化学奖得主哈罗德·尤里(Harold Urey)。

实验的结果十分惊人，这个过程中产生了包括氨基酸在内的一系列有机物质。由于氨基酸是蛋白质的基本组成单位，而蛋白质又是所有生命系统的关键物质，所以"前生命化学"这个全新的研究领域也由此诞生。很快，这个研究领域就吸引了科学界的大量关注。当时一种普遍的研究思路是，只要继续开展米勒式的实验，营造出假设中的前生命环境，那么就可以发现生命其他关键物质的来源，这样就能为解决生命的起源问题做出新的贡献。实际上，在短短数年间，其他科学家通过模仿前生命环境的方法，也利用简单的反应物合成了另外一类有机物——组成核酸的关键物质有机碱。从表面上来看，这个时期对于生命起源的探索好像驶入了一条高速公路。

但是，不满的声音很快就出现了。生命起源到底发生于地球上的哪个地点呢？起初推断出来的“前生命汤”中的可能地点，因为许多原因而受到了质疑，于是人们很快开始搜寻其他可能的答案。在这些新的看法中，有两个观点比较重要，其一认为生命起源于深海的热泉[38]，而另一个认为生命起源于黏土表面[39]。这两种观点之间的分歧不能更大了！很快，新的问题又出现了，前生命的大气层到底是由哪些物质组成的？前生命的大气层是像人们最初认为的那样具有还原性，还是像最近的数据显示的那样，主要是由二氧化碳、氮气和水构成的中性气体？目前在这些基本问题上，科学界还没有达成广泛的共识。

因此，米勒的实验所带来的兴奋感很快就过去了，在随后的时间里，科学家们提出了一系列互不相容的观点。各种不一致和不确定的情况取代了一开始的乐观。事实上，所有这些对生命起源机制的不同观点只在一个问题上达成了共识，那就是生命**的确**在距今 40 亿年前的时候出现了，非生命体转化为生命体这一事件在前生命的地球上发生了。模拟前生命环境的实验涵盖了丰富的化学知识，这的确让我们发现了许多主要的化学反应，并且为研究生命起源的问题提供了不同的思路。尽管人们在这个研究方向上投入了巨大的努力，但是紧随其后的论证过程却常常充满问题。人们从这样的实验中得到的结论简单来说就是：通过研究在假设的前生命环境下发生的化学反应，我们能够概括出生命诞生的过程。这个结论也是许多有关前生命化学讨论的基础。现在看来，这个结论充满了问题。探寻前生命状态下生命起源的历史条件，对于解决生命起源的问题并没有很大的贡献。

“前生命化学”的研究方法主要存在以下几个方面的问题。首先，我们缺乏关于前生命地球环境的可靠信息，更别说具体地点的信息了，这带来的后果很严重。如果我们想要知道一个具体的反应能否在前生命地球上的某个地点发生，我们必须确切地知道那个地点具备的物质和反应条件。但是，鉴于我们对这两点都不知道，所以对于前生命化学的问题我们没有任何把握。

我们可以用一个例子来更深入地说明这个问题。比如我们常常会说“地球目前的环境”，这种表达方式听起来好像比“前生命地球的情况”更让人有把握。但是“地球目前的环境”到底指的是什么？我们说的环境是指喷发的火山、北极的冰架、海底深处、深海热泉、撒哈拉炎热的沙漠、淡水潟湖还是别的地点？即便我们可以确认一个特定地点的环境条件，“环境”这个词还是带来了很大的不确定性。所以，当我们谈到前生命地球的环境时，这种不确定性又再次升级。我们既不知道这些前生命事件在**哪里**发生，也不知道这些地点的具体环境。根据物理和有机化学的知识，我们知道反应路径和反应机制很容易受到反应条件的影响，这无疑让事情变得更加复杂，所以我们不得不对任何关于前生命地球上可能或不可能发生的事件推测抱有怀疑的态度。

因为这些假设的前生命地球情景基本上不能被证伪，所以这些推测所采取的方法论也很有问题。化学家们可以尽情地猜想任何前生命地球上合理的情形，他们只是受到想象力的限制而已。无须多言，证伪机制的缺乏极大地削弱了这些假设的意义和重要性。正如顶尖的英国化学家和生命起源研究者莱斯利·奥格尔（Leslie Orgel）所说：“只要再等个几年，原始地球上的环境就会又变个样。”有些人可能会阴暗地指出这是一个理想的研究领域，因为你可以大胆地在该领域发表文章，而且可以确信没有人能说你是错的！

预设特定的前生命环境还存在另一个问题，只是这个问题没有那么严重罢了。假如我们可以比较准确地认识前生命地球的环境，人们一般认为这些环境信息不但有助于确认什么反应**可能**发生，还有助于确认什么反应**不可能**发生。实际上，这一观点可以被用来推翻生命起源的一种可能情形，那就是简单细胞生命是从过渡性的 RNA 世界转变而来的假说。因为长链 RNA 分子由其基本组成单位核苷酸构成，那么 RNA 世界的存在与否就取决于前生命地球上是否具有那些核苷酸。因此针对这种情况，我们做出的判断就是：如果在化学家们多年的努力之下，还是无法在模拟前生命地球的环境中合成这些核苷酸，那么我们就可以总结说这些核苷酸不会自发地出现在地球上。

这一推理过程中的逻辑错误显而易见。我们不能简单地排除 RNA 核苷酸在前生命地球上自发出现的可能性，因为就像一句俗话说的那样："证据的缺失并不能作为缺失的证据。"化学家们具体要付出多少年的努力，才能保证这个结论是可靠的？两年、三年还是五年？这些化学家们要有多出色才行？正如前面讨论过的那样，在我们无法确定前生命状态**任何**地点的反应环境和反应物质的情况下，我们不能简单地得出当时**所有**地点都不可能自发形成核苷酸的结论。直到最近，这个结论的谬误之处才被一位英国化学家约翰·萨瑟兰（John Sutherland）揭示出来，他运用丰富的想象力完成了一项"不可能的任务"。约翰·萨瑟兰成功地利用所谓前生命环境下的反应物合成了核糖核苷酸。这个突破性的成果应该归功于他不拘一格的思考模式，他采用的合成方法不同于其他研究人员所采用的常规方法。[40] 所以从理论上来说，能够产生核苷酸或其他任何基本物质的“前生命合成”可能路径实在是多得数不胜数。难道自然就不能“不拘一格”地发挥它的想象力吗？结论显而易见：虽然我们可以根据实验结果来总结哪些化学反应是**可能**发生的，但是如果要根据这些结果来判断哪些反应是**不可能**发生的，在逻辑上是站不住脚的，尤其我们讨论的还是数亿年前我们一无所知的环境。生命起源研究领域的先锋，著名科学家彼得·舒斯特（Peter Schuster）对前生命化学的评论十分贴切：“永远别说不可能！”在第 8 章中我们将会继续讨论 RNA 在前生命地球上可能承担的角色，因为自我复制分子的偶然出现是生命起源的核心问题。

以上谈到的两个问题，说明了采用前生命化学的方法来研究生命起源的困难之处。不过，事实证明还存在着更深层次的问题。我们在前面已经说明，寻找可能产生生命相关物质的前生命环境是一个充满了缺陷的方法。此外，该方法背后有一个默认的预设，那就是如果我们能找到构成生命体的关键分子，如糖类、碱基、核苷酸、氨基酸、脂质等等存在的可靠证据，那么我们就能在生命起源的问题上获得飞跃式的进步。不幸的是，这种预设很成问题。即便所有关于前生命化学的实验都能够顺利进行，即便化学家们最疯狂的梦想都可以实现，生命起源的谜题也依然无法解开，因为生命起源的真正问题并不是生命的基本组成单位如何在前生命的地球上出现，真正的问题还在别处。

试想一下，你聚集了一批优秀的生物化学家、合成化学家和分子生物学家。你要求他们在实验室里创造出一个简单的生命系统。实验过程不存在任何限制，没有化学物质方面的限制，没有任何关于前生命地球环境的限制，甚至没有任何研究经费的限制！你可以给他们提供任何所需的物质，DNA 和 RNA 寡聚体、脂质、各种蛋白质、糖类和他们想要的催化剂，当然还有一切需要的设备和仪器。你还能为他们创造任何反应条件，无论他们需要的是前生命地球的环境还是其他环境。就算他们要求模拟出热泉眼的环境也没问题。想要黏土表层？那更是小菜一碟了。不过科学家们真实的回应是什么呢？他们中的大部分人甚至不知道该从何开始！

当然，哈佛医学院的遗传学家、诺贝尔奖得主杰克·绍斯塔克（Jack Szostak）和著名意大利化学家皮尔·路易吉（Pier Luigi）等大胆的科学家们，为了实现这个野心勃勃的目标，已经开展了一些初步的尝试。[41] 不过出于一些原因，实现这一目标的过程显得困难重重。这些原因我们将在第 8 章中详细讨论。生命起源问题的关键不在于确认前生命地球上存在的物质和当时的反应条件，因为即使是最出色的化学家，在不受到任何条件限制的情况下，也不知道该如何开展实验。

问题的关键也并不是生命合成的某个步骤特别困难，以至于在技术上难以实现。根本问题在于我们现在依然没有合成生命确切的“配方”。如前所述，既然我们还不能充分了解生命是什么，我们怎么可能创造出一个自己还不完全了解的事物呢？所以说到底，虽然前生命化学本身十分有趣，但是如果想通过研究前生命化学来帮助我们理解生命起源的问题，这个目标似乎不太可能实现。

事实上，我们甚至可以说寻找生命起源的历史信息本身就是一个甜蜜的陷阱。它看上去十分诱人，不但吸引了初出茅庐的新手，还吸引了经验丰富的研究人员，但它却不肯为引发的问题交出答案。更重要的是，即使我们已经掌握了生命的历史证据，它们也不能解答这些问题。揭示生命起源的非历史规律才是真正的挑战，比如说明为何非生命体在转化为生命的过程中，倾向于朝着复杂化的方向发展。正是这些不受空间和时间限制的非历史问题，才是生命起源问题的关键核心。想要解开生命起源的谜题，我们需要理解非生命体转化为生命体背后的物理化学过程。**这个过程**才是让 21 世纪的物理学家们夜不能寐的问题，而不是前生命地球大气层的组成成分和前生命条件下是否可以合成核苷酸等问题。哪些物理和化学的规律能够解释这所名为“生命”的复杂、动态、具有目的性并且远离平衡态的化学系统呢？

当然，即便我们发现了控制这一转化的规律，我们仍然不能保证可以解决生命起源的历史问题。毕竟，我们探究的是40亿年前在地球上发生的特定事件。因此，我们探索这些历史事件的能力受到了极大的限制。但是，如果我们解决了非历史的问题，那么我们就可以通过全新的视角来看待生命起源问题。那时，我们可能还是无法回答历史的问题，但是地球上的生命起源至少不会像如今这样难以捉摸了。基于以上的讨论，我认为在充分理解生物复杂性背后的物理化学规律之前就试图寻找生命分子的起源，这种尝试无异于在理解钟表运行的原理之前就想通过弹簧、齿轮、表盘等零件组装起一块表。物理学家、诺贝尔奖得主理查德·费曼曾经说过："我不能理解我创造不出来的东西。"我们把这句老生常谈倒过来说可能也是成立的："我不能创造出我不能理解的东西。"

我已经详细讲述了从历史的角度来处理生命起源问题的局限性，那么现在就让我们来想想该如何从非历史的角度来看待这个问题。这方面的结果显得更加乐观。存在于40亿年前的非历史规律在今天同样适用，物理和化学的规律并不会随着时间而改变。所以，与其猜测前生命的地球上**可能**发生的事情，还不如好好研究一下现在的地球上**正在**发生的事情。我们可以对合适的化学系统进行研究和实验，并从中获取这个关键问题的相关信息。

根据我们在第 4 章中的讨论，系统化学主要关注简单的复制分子和它们所形成的网络。在这个新兴的研究领域中，我们已经发现了和“常规”化学不太一样的反应规律，而这些反应规律可能有助于理解那些导致生命起源的化学过程。事实上，一旦我们把注意力从历史角度转向非历史角度，我们立刻就要直面数十年来生命起源论争的核心问题。由于所有生命系统都具有新陈代谢和自我复制的能力，那么这两种能力中到底哪一种更早出现，是自我复制还是新陈代谢？这个问题可能听起来像是一个历史问题：“哪种能力更早出现？”但是这两种能力的性质决定了它们出现的顺序可能取决于化学规律。因此，化学规律能为生命出现的过程提供一些启发。正如我们将看到的那样，“代谢优先 / 复制优先”的这种二分法具有重要的意义，因为它们直接影响了三个问题——“生命是什么”、“生命是如何产生的”以及“我们该如何理解生命的产生”的答案。这些问题互相关联，只有将它们结合在一起才能全面地理解生命起源。

在展开讨论之前，先让我们明确“新陈代谢”和“复制”的含义。广义而言，“新陈代谢”指的是发生在每个活细胞中一系列相互控制、相互调节的复杂反应，这些反应让细胞能够开展生命活动。从生命起源的角度而言，支持“代谢优先”机制的人认为，简单的自催化化学循环应该比以寡聚体为基础的遗传系统更早出现。这些简单的自催化化学循环可以视为现存生命体中复杂新陈代谢循环的先导。著名理论生物学家斯图尔特·考夫曼在20世纪80年代指出，假设存在一系列分子或分子聚合物A，B，C，D和E，如果A催化B的形成，B催化C的形成，C催化D的形成，D催化E的形成，最后E再催化A的形成，那么这个封闭的反应循环也就成了一个自催化循环，这意味着这个系统作为一个整体可以进行自我复制。[42] 支持“复制优先”的一派同样认为生命的出现源于自催化系统的产生，不过他们认为这样的系统以模板式的寡聚复制因子如RNA（或类似RNA的复制因子）为基础。这样的复制因子一旦出现，它们就会朝着复杂化的方向进化，并最终形成简单的生命形式。所以，“代谢优先”和“复制优先”的争论实际上可以表述为，是完整的自催化化学循环先自发产生，还是分子复制因子的模板先出现。

美国物理学家弗里曼·戴森是最先提出这个问题的人，他认为代谢复杂化和模板的复制从逻辑上而言并没有必然的联系。戴森认为生命的起源可能与二者的独立形成有关，一个是遗传物质，另一个是代谢循环，二者结合而成的遗传代谢系统才可以被称为生命。[43] 这个观点实际上相当模棱两可。人们认为这两个特征不太可能各自独立出现，因此对这两个特征的自发形成抱有高度怀疑的态度。所以，几十年来的争论都聚焦于这两个特征哪个先出现的问题（从研究方法上来说采用的是还原论的方法），是以模板为基础的分子复制，还是和化学循环相关的自催化反应？**生命的本质来源于寡聚分子产生的序列特征，还是来源于完整的自催化反应所产生的复杂性？**这两种观点的并存就说明了这两种看法各有各的缺陷，都不够有说服力。并且，这个问题本身也证明了我们对生命的了解依然处于起步状态。现在，让我们先来探讨“复制优先”。尽管“复制优先”是形成RNA世界的基础，而RNA世界作为生命起源的可能学说之一又被普遍接受，但目前还是有许多基本的难题有待解决。下面我们就来看看为什么会出现这样的情况。

“复制优先”的情况

如前所述，生命起源理论中“复制优先”的观点认为，生命的出现与一些寡聚自复制物质的产生有关，并且这些可以复制的物质稍后会发生变异并不断复杂化，直到转化为基本的生命形式。1914年，美国物理学家伦纳德·特罗兰（Leonard Troland）首次提出了这样的看法。到了20世纪60年代晚期，索尔·施皮格尔曼做出的出色贡献大大地增强了这种观点的影响力。不久后，曼弗雷德·艾根（Manfred Eigen）和彼得·舒斯特在20世纪70年代开展的前沿研究工作进一步为这个看法提供了支持。[44]“复制优先”的核心观点是，在出现核酸和蛋白质相互依存的世界之前（这二者共同构成了所有现代生命的基础）存在一个RNA世界。[45]RNA世界学说的主要吸引力在于它似乎可以解决长期存在于核酸和蛋白质的世界中“鸡生蛋，蛋生鸡”式的困境。一切现代生命形式都依赖于蛋白质与核酸之间的依存关系。遗传信息的载体DNA如果不依靠蛋白酶的催化，就不能进行复制；而蛋白酶如果事先没有DNA分子的编码，也无法被合成出来。那么这样一个相互依存的双重世界是如何产生的呢？

RNA世界假说认为，在最开始的时候，RNA分子承担了遗传信息载体和催化活性物质的双重功能，这一观点似乎解决了上述困境。RNA有携带遗传信息的能力并不让人感到惊讶，毕竟它是一种和DNA关系密切的核酸。但是，两位美国科学家，科罗拉多大学的托马斯·切赫（Thomas Cech）和耶鲁大学的悉尼·奥尔特曼（Sidney Altman）发现RNA可以发挥酶的功能并催化关键的生物化学反应。这个发现极大地增强了RNA世界假说的影响力（切赫和奥尔特曼也因此获得了诺贝尔奖）。但是RNA世界假说的成立与否，主要取决于自我复制的分子能否自发地出现在前生命地球上，而这一观点也一直受到挑战。

“复制优先”遭到的批评主要源于一个观点，即前生命地球上的环境不适宜自复制分子的自发生成。不过，正如我们前面讨论过的那样，这个观点并没有坚实的基础。“前生命环境”一词在讨论生命起源的文献中经常被使用，这个术语虽然可以传达一些泛泛的信息，但它并不具有任何确切的含义。所以，如果一个反应过程符合基本的化学规律，我们就不能光凭“前生命环境”一词来排除该过程发生在前生命地球上的可能性。既然科学家们可以在实验室中合成复制分子，那么我们便不能简单地否定它们在前生命地球上出现的可能。此外，我们对前生命地球环境的无知更意味着，我们没有能力否认这些物质在当时自发地出现过。

“复制优先”一个更加根本的问题在于它显然不符合热力学第二定律。让我们来回顾一下“复制优先”观点的真正含义，这一观点认为地球上一旦出现了自我复制的物质，那么这些物质将朝着复杂化的方向发展，直到发展为基本的生命形式。这个主张的困境在于，生命体作为一个高度有序并且远离平衡态的系统，它需要不断地消耗能量来维持其远离平衡态的状态。换句话说，如果复制分子想要成为简单的生命系统，那么它将不会依照热力学规律产生**更稳定**的产物，而是会成为高度复杂且**不稳定**的系统，这无疑不同于正常化学反应发生的方向。从热力学的角度而言，这就像是反应沿着能量的“**上坡**”方向进行，而不是像一般情况中那样朝着“**下坡**”前进。

所以，即便复制分子可以自发地产生，而且周围的环境也能让它们的复制反应顺利进行，这个复制反应也只能在系统还没达到最低自由能状态（平衡态）时发生。一旦系统达到了最低能量状态，分子向基本生命形式进化的过程就会停止。事实上，经过40余年对复制分子的实验，研究者们仍然没有发现这些分子有发展为远离平衡态的代谢系统的倾向。如果要让“复制优先”的观点站得住脚，我们需要解释复制系统为何会朝着复杂化的“上坡”方向发展。稍后，我将会针对这一点多做一些解释。但我们不妨先来看看“代谢优先”的观点能否经得起推敲。

“代谢优先”的情况

可以被归类为“代谢优先”的生命起源机制有许多种，我们不能对它们分别展开详细的描述。不过，这些可能的机制在化学反应方面虽然存在着巨大的差异，但是它们都具有一些共同点。首先，这些观点都认为，作为代谢原始形式的完整自催化反应（一个封闭的催化循环）要早于遗传功能而出现。其次，这些观点都认为代谢功能所需的有序性是随机产生的。换言之，“代谢优先”认为代谢过程中的协调性能够自发形成，**混乱**的系统能够成为**有序**的系统。但是，生命起源问题的前沿研究者比如席诺·里弗森（Shneior Lifson）[46]、莱斯利·奥格尔[47]等人指出这个观点很有问题。这次的问题所在还是热力学第二定律。简单的分子如何能自发地发展为代谢循环？而且更重要的是，这些代谢循环又如何维持其稳定性？我们又一次在热力学问题上走到了死胡同。代谢复杂性的出现，就像细胞复杂性的出现一样，让物理学家们困扰不已。照理说沿着能量“下坡”的方向不会随机发展出高度有序且远离平衡态的化学系统。如果人们认为即便不符合热力学第二定律，这样的转变依然可能发生，那么他们就必须要提供实验上的证据。哈里·杜鲁门（Harry Truman）说过一句著名的话：“我是密苏里州人，给我看证据。”[1]而到目前为止还没有人能拿出证据来。

所以，到目前为止无论是生命起源的“复制优先”还是“代谢优先”的说法都存在问题，这还不是什么微不足道的小问题，而是关乎热力学第二定律的基本问题。我们需要找到可以合理解释物质复杂化并朝着远离平衡态发展这一过程的机

[1] “我是密苏里州人，给我看证据。”（I am from Missouri, show me）是一句美国俗语，表达了一种不轻易相信表象、凭事实说话的态度。——译者注

制。只有解决了这个问题，“代谢”和“复制”二者出现的先后顺序才可能为我们打开全新的视野。因为那时，我们要么可以判断二者中哪个先出现，要么这个问题已经无关宏旨了。我们将会在第 7 章中提出可能解决这个棘手问题的方法。

偶然还是必然?

生命由非生命物质产生，这个被普遍接受的观点引发了一个困境：地球上生命的产生是必然的还是偶然的？换言之，生命的出现是一个发生概率极小，并且几乎永远都不能被复制的意外，还是一个根据现存的物理化学规律不可避免的事件？两位生物学家、诺贝尔奖得主曾经在这个问题上发表过著名的观点。雅克·莫诺认为，生命起源是一个不太可能被复制的奇怪意外。用他的话来说：“这件事出现的先验概率[2]几乎为零……宇宙既不孕育生命，生物圈也不孕育人类。”不过，克里斯蒂安·德·迪夫（Christian de Duve）则持相反的观点，他认为生命在地球这样的星球上出现是受到物理和化学规律所控制的“宇宙必然事件”。[48] 德·迪夫甚至进一步反对莫诺的观点说：“宇宙孕育生命，生物圈孕育人类，这

[2] 先验概率（Prior Probability）表示在获得确切证据之前推算出的概率。——译者注

一点不证自明。否则，我们就不会存在了。”那么他们俩谁的观点是正确的呢？用雅克·莫诺经典的文章标题来表述就是：生命在地球上的出现是偶然的还是必然的？

我们首先要注意的一点就是，莫诺和德·迪夫的观点分属于两个极端，在这两个极端之间还有许多种可能性。为了解释这一点，我们可以用冬天下雪的概率来打个比方。冬天下雪是必然的还是偶然的呢？可能对瑞士的阿尔卑斯山而言，冬天下雪是必然的。因为冬天阿尔卑斯山上的气温极其寒冷，所以下雪的概率很高。这一点我们很有把握。但是，如果在昆士兰海滩，那么即便在冬天，下雪的概率也几乎为零。昆士兰根本就达不到那么低的气温。至于罗马的冬天又是什么情况呢？在罗马下雪的可能性是一个中间值，罗马有时确实会下雪。在过去的 30 年里，罗马于 1986 年、2005 年和 2012 年下过雪。下雪在罗马是一件不确定的偶然事件。那么我们可以得出什么结论呢？从理论上来说，一个特定事件的发生概率可能是十分确凿的，可能是高度偶然的，也可能处于这二者之间。

当然，为了判断一个地方是否会下雪，我们并非一定要理解下雪背后的物理规律。我们只要简单地查看一下那个地方历年的天气记录就可以得到答案了。这就是为什么我们几乎可以肯定地说，阿尔卑斯山这个冬天会下雪，而昆士兰海滩则不会。至于罗马的情况，我们还不能确定。我们唯一可以肯定的是罗马在这个冬天**可能**会下雪，下雪的概率约为 10%。

那么，我们对于地球上生命的出现又能得到什么结论呢？简而言之：我们几乎没什么可说的。有好几个原因造成了我们这令人沮丧的无知状态。因为生命起源和下雪的问题不一样，我们至少对下雪这个气象现象有着充分的了解，但我们对生命出现的过程却一无所知，并且也缺乏对当时基本环境的了解。在既不知道一个事件发生的过程，也不知道该事件发生环境的情况下，我们如何能判断该事件发生的可能性呢？或许，我们可以像在预测下雪的例子里所说的那样，通过查看历史记录来预测那些发生机制尚不明确的事件。但如果这样做的话，我们又会遇到新的问题：我们可以调查的例子仅此一个。尽管我们知道宇宙中可能还存在大量类似地球的星球，但是我们只了解其中一个星球上的生命情况，那就是我们身处其中的地球。在只有这一个例子的情况下，我们对宇宙中其他地方做出合理推测的能力自然受到了明显的限制。

第 6 章

生物学的身份危机

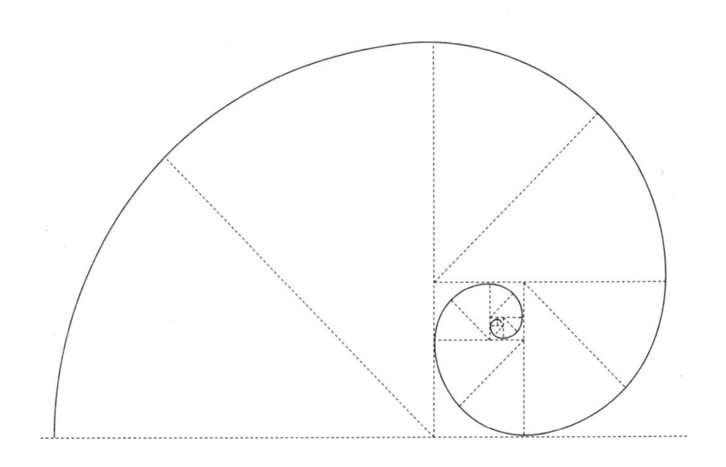

从第 1 章中所描述的生命体的奇怪特性到第 5 章中所讨论的难以捉摸的生命起源，现代生物学所面临的科学困境展露无遗，将非生命体和生命体联系起来的过程可以说是困难重重。事实上，“生命是什么”，“生命是如何产生的”，以及“如何创造生命”这三个核心问题依然没有得到解决。第一眼看上去，这些问题似乎相互独立，彼此之间没有什么联

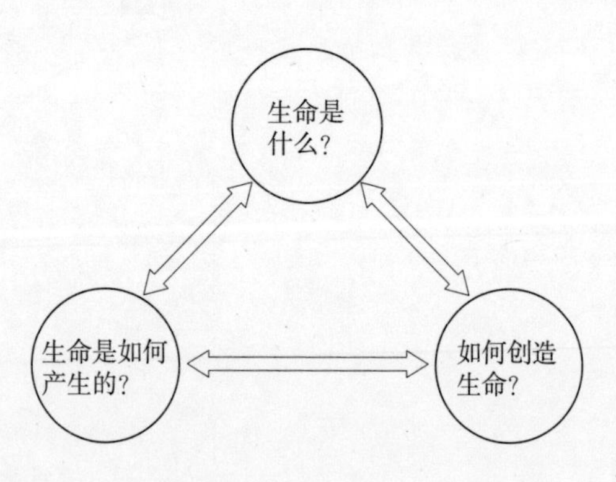

图 5　全面理解生物学所需要解决的三个关键问题

系。但是，正如图 5 所示，它们之间实际上存在着密切的联系。我们只要稍加思考就能发现，如果想要回答其中一个问题，我们必须先找到另外两个问题的答案。我们不清楚该如何创造生命，因为我们并不知道生命是什么；我们不清楚生命是什么，因为我们不明白生命起源背后的规律。因此，即便在过去六十年里，科学家们在分子生物学领域已经获得了令人瞩目的进步，但生物学所研究的生命本质依然处于一个含混不清的状态。这样悲观的看法可不是一个对生命问题过度狂热的化学家肤浅的个人观点，越来越多的人开始表达类似的看法。

我们在前面提到过卡尔·乌斯的一篇文章，他在文章中以近乎弥赛亚的方式说道：

> 当代生物学就像一百年前的物理学，我们对该学科的理解还不够全面。二者的相似点在于，它们过去的指导思想都走到了尽头，人们急需一个更深刻、更激动人心的全新思想来描绘现实……回顾过去的一百年，19 世纪末的物理学界也弥漫着这样一种科学画卷即将圆满的感觉。学科的主要问题纷纷得到了解答，仿佛从此以后，人们只要解决一些细节问题就行了。这和现在的生物学很类似，不是吗？这实在是令人感到似曾相识！

卡尔·乌斯对生物学的分子方法曾做出过重要的贡献。他虽然收获了丰富的成果，却好像对这个方法失去了信心。矛盾的是，正是通过分子生物学带给我们的大量知识，我们才意识到自己在生命问题上的无知。那么问题究竟出在哪儿呢？

从达尔文主义到现代生物学的发展过程是一条曲折蜿蜒的道路。毋庸置疑，达尔文最重要的成就是建立了生物学的自然科学基础，就这样，他成功地将生物学从超自然世界移植到了自然世界。通过这样的方式，达尔文完全改变了我们对自身和我们所生活的世界的认知。但是，这个改变的过程远非一帆风顺。首先，达尔文主义的核心思想“自然选择”在20世纪以前都没有被生物学家们完全接受。到了20世纪30年代，在《物种起源》发表了80多年后，达尔文理论才作为现代进化综论的一部分被接受。最终，达尔文的进化理论和孟德尔的群体遗传学成功地结合了起来，这才打消了学界对达尔文主义的疑虑。这两个理论结合起来后，自然选择机制的魔力才真正得到了显现，那些批评达尔文主义的声音这才逐渐消失。

与此同时，一场新的革命正蓄势待发。这场革命就发生在分子生物学领域。正如我们之前提到的那样，在1953年DNA的结构被阐明后的半个世纪里，伟大的发现一个接一个地突现，包括 DNA 的复制、RNA 的转录、蛋白质的翻译还有核糖体的结构等等。这些发现同时也伴随着一长串诺贝尔奖得主的名单。新的发现照亮了沃特·吉尔伯特（Walter Gilbert）所谓通往“圣杯”的道路：人类基因组计划，即对人类 DNA 中 30 亿个碱基进行完整测序的工程。还原论者的梦想似乎已经实现了，人类的本质好像可以还原为 30 亿个字母所组成的序列。人类基因组计划在 2000 年完成，当时比尔·克林顿（Bill Clinton）在白宫的仪式上宣称：“如今，我们可以学习上帝创造生命的语言。”并且他还补充道：“且不说人类的所有疾病，至少在人类大部分疾病的诊断、预防和治疗等领域，都将迎来一场革命。”根据当时做出的承诺，到 2010 年病人应该能得到依据个人病情定制的药品。好像我们身处于一个全新的世界，生物的谜题终于解开了；好像接下来需要解决的那些具体问题，不过是“细节”而已，它们在这幅巨大的蓝图之下根本不值一提。这感觉就像是处于 19 世纪末的物理学……

不过，在写作这本书的时候，所谓的“圣杯”和我们应该掌握的“生命的语言”还没有得出令人满意的结果。21 世纪的生物学不但没有解决关键的生物问题，反而导致了越来越多问题的发现。生命远比一串 30 亿个字母组成的序列要复杂。在阐明人类基因组序列和理解这些序列的意义之间存在着巨大的鸿沟。人们发现了越来越多关于活细胞结构和机制的信息，但这些信息并不能说明生命到底是什么。斯图尔特·考夫曼在其发人深省的著作《科学新领域的探索》(*Investigation*)中简洁地总结道：

> 在过去的30年里，分子生物学尽管取得了出色的成果，但是生命本身的核心问题依然隐藏在我们的视野之外。我们知道大量的分子机制、代谢路径、膜的生物合成方法，我们了解了许多过程和部件。但是，我们依然不清楚是什么给予了细胞生命。问题的核心依然是一个谜。

考夫曼和乌斯分别表达出了同一个观点：我们看到了许多树木，但是我们还没有真正看到森林。

那么究竟问题何在？答案一言以蔽之就是"复杂性"——生命的有序复杂性。用还原论的方法来处理复杂性问题似乎已经陷入了泥潭。还原论在分析钟表结构方面是十分有效的方法，它对于我们理解自然世界也很有帮助。不过，该方法应用于生命领域的表现却是时好时坏。以还原论为主要方法论的分子生物学推动了不容忽视的科学进步，却没能带领我们进入应许之地的大门。我们以机械唯物主义的方法来研究生物系统的方法失败了。还原论的方法既不能回答图 5 所提出的三个基本问题，也不能回答我们在第 1 章中所提出的普遍问题。匈牙利化学工程师蒂博尔·甘蒂（Tibor Ganti）早在 1975 年就发现了问题所在，他认为："生命系统所具有的特性并不是主要产生于组成该系统的物质，而是产生于这些物质独特的组织方式。"[49] 让生命成为一个独特现象的并不是组成它的**物质**，而是它的**组织**。

那么我们该如何理解这个与所有生命体息息相关，棘手而又特别的"组织"？在过去的数十年里，除了生物学家之外，其他领域的专家，如物理学家、化学家和数学家都在探索解决这个问题的方法。一种研究倾向于认为生物学与物理学具有不同的科学原理基础，因此，我们应该相应地对二者区别对待。虽然还原论的方法成功地将物理和化学联系起来，并帮助我们认识了非生命的世界，但不知为何，我们并不能将生物学问题还原为物理学问题。"分割，然后征服！"这样的思维方法不但没有取得任何进展，反而促使人们用整体论的方法来研究生物学。近年来迅速发展的系统生物学领域就是一个明证。下面我将简单描述这个领域的研究方法，以及该方法的优点和其明显的缺陷。

分子生物学强调细胞内单个分子和分子聚合物的结构与反应性，不同于此，系统生物学试图强调系统内细胞各个结构之间的相互作用。毕竟，保证生物功能的是整个系统而不是单个部件。系统生物学方法的核心观点认为，一个系统的普遍特性——尤其是系统内部的网络拓扑结构（network topology）——能够反映系统的行为特征，因此这个方法能为生命问题提供新的启示。

不过，目前系统生物学的方法还没能给我们带来胜利。因为我们并不清楚控制复杂系统行为的普遍法则。如果我们不能充分认识系统部件的功能，那么我们对系统整体的了解也将受到很大的限制。根据我们在第 3 章中的讨论，“还原论”和“整体论”之间不一定是互相排斥的，因为从某些方面而言，整体论的方法可以被视为一种特殊的还原论。鉴于这种尚无定论且不尽如人意的情况，每当还原论的方法无法解释系统特性时，系统生物学的研究者们就不得不借助于“突现特性”这一概念。“突现特性”的概念是一把双刃剑。如果将所有解释不了的现象全部泛泛地归结到“复杂性”之下，就会创造出一种答案已经找到了的假象。这种做法本身就很成问题。因为如果人们无法解释一个现象，这个现象将会不断地吸引研究者们的注意，直到他们能找到有说服力的答案为止。不过，一旦这个难以解释的现象被归类为“突现特性”，人们可能会觉得这个问题已经解决了，不必再在这个问题上花费心力。若非如此，科学界又怎么会对“目的性”这个最重要的突现特性背后的物理化学基础毫无兴趣呢？雅克·莫诺在他的经典著作《偶然性和必然性》中指出，目的性是“生物学的核心问题”。正如莫诺所言，在一个不具有目的性的宇宙中为什么会出现具有目的性的系统呢？但是，科学界对这个“核心问题”并没有给予足够的关注，这也从侧面反映出科学界已经接受了“突现特性”的说法，认为这个问题已经得到了解答。

科学界忽略莫诺提出的问题背后可能还有另一个原因，那就是这个问题听上去更像一个哲学问题而不是科学问题。不过，可不要被表象迷惑了。目的与功能如何自发地出现是一个十分重要的科学问题。解决这个问题能帮助我们将化学（代表客观的物质世界）和生物学（代表目的性的世界）联系起来。简而言之，达尔文主义确实使生物学内部达成了统一。这样的统一虽然很有价值，但是也带来了令人困扰的后果，那就是当我们需要将生物学与物质世界联系起来时，二者之间的隔阂反而越来越深。

让我们简短地回顾一下最近数十年来用于解决复杂性问题的另外两种方法——一种是物理方法，另一种是数学方法。物理方法是通过观察飓风、旋涡、涡流等现象得到启发的。关于这些现象的理论主要是由比利时物理化学家伊利亚·普里戈津（Ilya Prigogine）在 20 世纪五六十年代提出，这一理论通常被称为非平衡态热力学（non-equilibrium thermodynamics）[50]——考虑到非专业读者，具体细节在此就不赘述了。值得一提的是，据称有人已经找到了某些非平衡态物理系统和生物系统之间的联系。还记得吗？我们曾说过生物系统的谜题之一就是其非平衡态的稳定性是如何自然产生的。用物理的眼光来看，在浴缸里放满水，然后把浴缸塞子拔掉这样一件简单的事情中都蕴含了值得关注的现象。在浴缸塞塞住的情况下，浴缸中的水处于稳定的状态，而一旦把塞子拔掉，那么水立刻就会转变为**不稳定**的状态，因为水为了降低其本身的势能会向下水管道流去。水对不稳定状态的反馈行为即刻发生，它通过流向下水道来降低自身的势能，然后达到新的平衡态。在水流出的同时还会发生另一个现象，那就是水流所形成的漩涡结构。一个**非平衡结构**在**非平衡状态**下产生了。在某种意义上，一开始不具有任何形态的水流现在获得了秩序。用非平衡态热力学的话来说，这样的结构模式（也存在于其他物理系统中）可以被称为**耗散结构**（dissipative structure）。

这种物理模式引发了一个新的观点，那就是仅从能量的角度而言，耗散结构和活细胞之间存在某些相似之处。它们都处于非平衡态，这意味着它们都是不稳定的，而且它们都形成了一个需要通过不断消耗能量来维持的非平衡态结构（对浴缸中的水而言，能量来源于水流出浴缸所降低的势能）。换言之，这种观点很有可能为生命的谜题提供一个简单的物理答案。一个消耗能量的开放系统**可以**形成秩序。活细胞远离平衡态的有序性可以被视为对浴缸中的水或者热液柱所形成的非平衡态的模仿。这至少可以解答一部分生物系统的谜题。二三十年前，人们曾经热情洋溢地讨论过这个话题，但是却都没有深入其中的细节。而现在这个研究思路似乎已经失去了其原有的吸引力。最主要的难点在于，如果像前面讨论的那样将物理和生物系统简单地联系起来，似乎并不能带来任何生物学上的突破。一个理论模型只有在能够带来新的见解或者或做出关键预测时才是有效的。但是，正如几年前卡尔加里大学的哲学家约翰·科利尔（John Collier）所言，没有证据表明将非平衡态热力学的法则应用到生物系统中能够产生非凡的结果。[51] 非平衡态热力学并没有为理解生物复杂性带来万众期待的突破。我们仍旧没有找到一个以物理为基础的生命理论。

现在我们来看看从数学的角度来研究复杂性的方法。1970年，普林斯顿大学的数学家约翰·康威（John Conway）发明了一个名为"生命"的游戏，这个游戏引发了一些有趣的思考。[52] 游戏在二维的方格网络中展开，每个方格都有"死亡"或"存活"两种状态。这两种状态通过方格的颜色来体现，黑色代表“存活”，白色代表“死亡”。在游戏开始的时候，一些存活（黑色）的方格会按照给定的排列方式组成一个起始图案，然后每个存活的方格周围相邻的8个方格会相应地变成黑色或白色，具体情况视规则而定。比如规则可能是1个活的方格周围如果只有小于2个活的方格与之相邻，那么这个起始方格将会死亡（变成白色）；如果有2个或3个活的方格与之相邻，那么起始方格将活下来（保持黑色）；如果有大于3个活着的方格与之相邻，那么起始方格将会死亡（变成白色）。而1个死亡的方格周围如果正好有3个活着的方格，那么它将再次复活。这样的过程可以不断重复进行，而起始图案也会随之改变。采用不同的起始图案和不同的游戏规则，最终得到的图案也会有很大的差异。有时起始图案不会发生任何改变（比如我们将上述规则应用到由2×2的活方格组成的起始图案上，那么该图案则不会发生改变），而有时起始图案很快就会消失，取而代之的是一个全新的复杂图案。这个叫“生命”的游戏告诉我们，一个简单的规则也可以导致复杂图案的形成。虽然这个游戏的规则与真实的生命没有任何关联，但仅是“遵循简单的规则可能得到复杂的系统”这一点已经足够有启发性了。事实上，在接下来的章节中，我们将说明真实的生命确实依循着简单的法则。不过，为了理解这个法则的意义，我们需要先讨论清楚简单复制系统的本质。康威的“生命”游戏虽然为理解一般的复杂系统提供了有趣的见解，但是生命系统的本质却没有这么显而易见。

让我们总结一下以上讨论的核心内容。我们已经知道，要理解生命，我们需要做的不仅仅是积累更多关于生命机制的分子知识，这种研究方法的现状就像年轻人常说的那样：“试过了，就那样。”我们需要做的是解释生命的复杂性和与这复杂性相关的**普遍**特质。我们离这个目标还有一段很长的距离。我们之前讨论过的非平衡态动力学方法虽然有趣，却好像走进了一个死胡同；至于生物学家们通过系统生物学这个新领域来研究生命复杂性的尝试，目前还没有得到任何定论，而且短期来看也难有关键性的突破；系统生物学方法可能对于理解某些具体的生物问题有帮助，但是该方法似乎并不能解决我们提出的那些更大的问题；用数学的方法来研究复杂性给我们带来了新的启发，但这个方法所处理的只是一般的复杂性问题，对于具体的生物复杂性谜题却无能为力。那么接下来该怎么办呢？在最后的两章中，我们将关注一个正在蓬勃发展的化学新领域，该领域惊人的新成果终于能够为我们提供一些确切的答案。

第 7 章

生物即化学

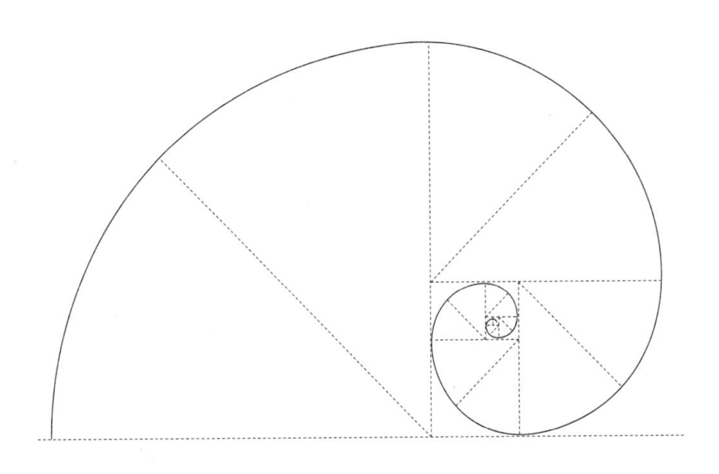

系统化学的解决之道

根据之前讨论的结果，我们发现生物复杂性的本质才是需要击破的难题。那么数百年来曾让我们大受裨益的还原论方法，在处理这个问题时是否已经触碰到其能力的天花板呢？我们是否需要寻找一个全新的方法？许多顶尖的生物学家都赞同这个观点，但是我的答案是否定的。在本章中，我将阐明这一立场的基础并且尝试证明还原论还有发展的余地，该方法可以从整体的层面有效地应用到生物学中。我将说明生物学和化学之间的鸿沟可以被跨越，达尔文主义理论可以被整合到更普遍的化学物质理论中去。生物不过就是化学，说得更准确一点，生物就是化学的一个分支——复制化学。尽管生物学中的还原论方法引发了广泛的忧虑，但还原论分析可以解决生命的组织问题。

我在第 4 章中提到，“系统化学”这个新兴的研究领域近年来已经逐渐成形。这个新领域试图找到生物组织中的化学起源，它与其近亲学科“系统生物学”在名称上的相似性也体现了这一点。我们可以将生物学视为研究具有复制和繁衍能力的复杂化学系统的学科，而系统化学所研究的（或者说主要研究的）是具有复制能力的简单化学系统。这是消除生物与化学之间隔阂的一种尝试。系统生物学研究生命复杂性问题的视角是“自上而下”的，与之相反的是，系统化学采取“自下而上”的方法。“自上而下”的研究方法通常从我们已经掌握了的信息入手，然后由此来探索局部对整体起到的作用。而“自下而上”的方法则与之相反，它先从一个预设的起点开始，然后根据这个预设来展开研究。在研究生命问题时，这意味着要研究生命的复杂性，我们需要追溯复杂性是如何建立起来的，一步一步，从简单的起始物质开始，从底部开始。所以，系统化学的关键挑战就是探明那些规律（假如它们真的存在的话）——那些使简单化学物质发展出高度复杂性（当代生物学的决定性特质）的规律。

“自下而上”的方法具有好几个方面的优越性。首先，我们都认同生命是由非生命物质发展而来的这个假设。如果现实如此，那么生命自然是从简单的物质开始，然后逐步发展出复杂性的。这个过程本身给予了“自下而上”的方法一个关键性优势。“自下而上”的方法并不完全是概念性的思

想实验，而是化学系统实际经历的过程。现在看来，数十亿年前，一个未知的复制系统从简单的状态开始，沿着一条漫长而曲折的道路向着高度复杂的系统发展，而这条复杂性递增的道路最终将物质从化学的世界引向了生物的世界。事实上，有这样一个明确的复杂化过程存在，意味着该过程可能受到一个**驱动力**的作用。而我们的目标之一就是找到这个驱动力，并且阐明它的本质。我们能从物理上理解这个复杂化的过程吗？

其次，如果生命确实从简单的系统开始，那么一个合理的推断就是，我们可以通过研究更原始、更简单的原型来理解生命的基本性质。我们可以用一个类比来更清晰地说明这一点。如果我们想要理解飞机是什么以及这种现代“空中巨兽”能够在空中翱翔的奥秘，那么分析一架结构完整的波音 747 可能并不是最有效的方法。波音 747 是一个极其复杂的个体，它由约 600 万个独立的零件和超过 200 千米长的线路组成。所以，想要通过解析每个部件和整体的关系来找到飞机飞行的原理将是十分困难的。飞机的某些部分，比如屏幕、空乘服务按钮、微波炉等等与其飞行能力并没有什么关联。那么我们应该从哪里开始着手研究呢？如果你想要认识飞机及其飞行的原理，那么最好从研究早期的简单飞机开始，比如莱特兄弟在 1903 年发明的型号或者其他类似的飞机。这些飞机的全部零件加起来都只相当于波音飞机中的一小部分，而其中每一个零件都对飞机飞行起到了重要或者至关重要的作用。系统化学的作用也正在于此，它研究的是简单复制系统的原理和这样的系统所形成的网络，这种方法就相当于通过研究莱特兄弟的飞机而不是波音飞机来理解飞行原理。

当然，“自下而上”的方法完全基于一个假设，那就是生命确实从简单的物质开始，而且这些简单的物质也的确经历了一个复杂化的过程。正如第5章中所讨论的那样，这个观点已经被普遍接受了。学界争论的焦点往往是复杂化过程的本质，而不是这样的过程是否发生过。不过，正如我们即将看到的那样，系统化学这个新兴的领域将会为这个假设提供额外的支持依据。因此，本章希望实现的目标颇具野心：本章希望说明系统化学的研究可以顺畅地将生命系统和非生命系统融合起来，由此为生物与化学提供一个统一的研究框架。这样的统一具有重要的意义，因为它能将生物学置于一个更广阔的化学语境中。实际上，如果这个方法能够成功，那么这个研究方向可以为“生命是什么”这个问题提供重要的启示，因为该方法能够通过化学而非生物学的语言来描述生命系统。所以，尽管近年来将还原论应用到生物系统中的方法颇受质疑，但我们将试图证明还原论方法在生物学中的应用依然充满活力。除此之外，这个方法还具有一个不可忽视的额外优势，那就是系统化学通过找到让非生命体向生命体转变这一复杂化过程的**规律**，至少能从非历史的角度为生命起源问题带来新的启发。

让我们先来讨论一下关于非生命体转化为复杂生命体这一过程的传统观点。该过程如图 6 所示，可以分为两个阶段。

第一个阶段名为化学阶段（又被称为自然发生阶段，指的是生命从非生命中产生的过程），就是这一阶段引发了源源不断的辩论和争议。从图 6 中来看，如果一个系统可以被称为“简单的生命”，那么就意味着该系统具备生命最重要的性质——靠自身的能力完成复制和进化。确实，一个系统只有获得了这个关键的能力才能被视为生物。而且，简单生命形式接下来向更复杂的生命转化的过程（从单细胞原核生物到多细胞有机体）应该遵循 19 世纪中叶由达尔文提出的进化理论。所以，传统的看法认为我们面对的是一个由两个阶段组成的过程，其中的第一个阶段富有争议和不确定性，而第二个阶段的基本框架是在科学界不可动摇的达尔文进化理论。

那么现在就让我们把“炸弹”扔下来，这些观点至少对许多领域而言是爆炸性的。所谓“两个阶段”的过程实际上并不是两个阶段，而仅仅是**一个贯穿始终的过程**。这个观点如果是正确的，将引发巨大的后果。首先，这意味着在达尔文的进化理论（一个从形成到应用都在生物学领域内的理论）

背后还有一个更基本，也更普遍的规律在运行，这个规律一定也能将前生命的系统（从定义上而言属于非生命的物质）包括在内。在本章中，我将试着证明这个“单一阶段”的假设，并且探索该过程的含义。

至今为止，为何图 6 中所展现的过程会被划分为两个不同的阶段呢？说得直白一点，答案就是因为我们无知。我们只知道该过程中一个阶段的机制，而不知道另一个阶段的机制，因此二者之间形成了清晰的分界线，这也就自然导致了两者间的割裂。不过，“无知”可不是一个有用的分类理由，那么就让我来试着证明自然发生和生物进化实际上是一个连续的过程。这个观点可不像看上去的那么简单。很明显，如果前生命个体通过某种未知的机制经历了复杂化的阶段，然后成为简单的生命体，接着再进化并分化为各种各样不同的物种，那么无论前生命个体经历的阶段是什么样的，至少从时间先后的角度来说，该阶段和生物阶段是接连发生的。但是，我所指的“连

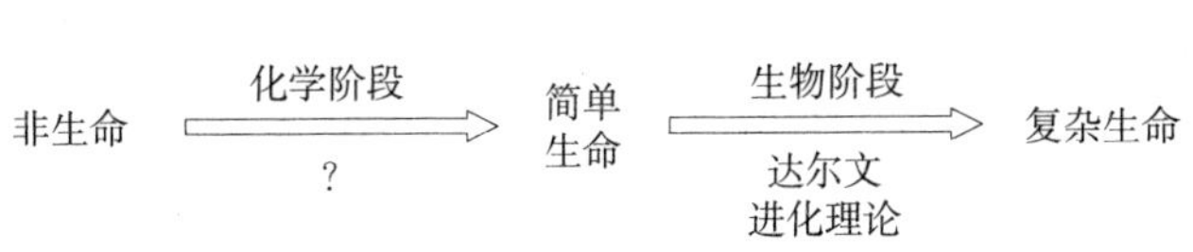

图 6　非生命体转化为生命体的两个阶段（化学的和生物的）

续性”并非这么肤浅。我认为让非生命体成为简单生命体的化学过程和紧随其后的生物过程，从化学的角度而言是同一个过程。实际上，这正是系统化学最近的研究呈现出的结果。下面让我们来回顾一下支持该观点的经验证据。

在第4章中，我讲述了索尔·施皮格尔曼在20世纪60年代开展的RNA分子复制实验。我们发现分子复制实际上是可以在试管中进行的化学反应，而非仅存在于精确调控的细胞内环境中。我们应该还记得施皮格尔曼也发现了复制的RNA群体可以发生进化。在反应发生了一段时间后，起始的长链RNA分子将会进化为较短的RNA链。较短RNA链的复制速度比长链RNA分子更快，因此长链分子将逐渐消失。所以，在生物世界中被称作“自然选择”的法则，在化学世界中也同样存在。这是一个十分重要的结论。“复制”、“变异”、“选择”和“进化”这个与生物世界息息相关的因果序列，实际上在化学层面也同样清晰可见。在60年代，这个在化学上具有里程碑式意义的研究正式展开了。自此之后，分子进化的现象（发生于分子层面的类似进化的行为）被越来越多的研究者所关注。相应的，复制个体在分子层面的进化过程如今已经有了详细的记录，并且在实验上没有争议。

不过，化学和生物之间还存在着更深层次的关系。生态学是生物学的一个分支，尽管这个学科看上去似乎和化学没有什么关系，但是根据斯克里普斯研究所的著名生物化学家杰拉尔德·乔伊斯在2009年的报告，这二者之间的联系其实非常密切。[53] **竞争排斥原理**（competitive exclusion principle）是一个关键的生态学法则，它指出：完全的竞争者是不存在的。我们也可以从更加正面的角度来表述：生态分化是生物共存的必要条件。[54] 这个规律告诉我们，两个占有同一生态位（意味着两个物种竞争一样的资源）而且相互不存在杂交关系的物种不能共存，二者中更能适应这个生态位的物种将把另一个物种推向灭亡。当然，如果两个物种赖以生存的资源**不一样**，那么它们就有可能共存。“达尔文的雀鸟”这个广为人知的进化论实例就是这个生态学规律的经典表现。1835年，达尔文在加拉帕戈斯群岛上考察，他发现岛上有各种各样的雀鸟，它们有不同的体形、大小和喙的形状。这些不同的雀鸟全都来自一个共同的祖先。它们在经历了长时间的进化后，能够更高效地利用环境中的资源。进化的结果是有一种雀鸟——地雀，发展出了十分坚硬的喙，这样它们就能用喙击破坚果和种子。而另一种雀鸟——树雀，则发展出了尖锐的喙，这样的喙更适应于捕捉昆虫。这些独特的雀鸟能够共存的关键就在于它们赖以生存的资源不同。这就是竞争排斥原理的一个范例。

杰拉尔德·乔伊斯发现这个关键的生物原则同样适用

于化学领域。这也就是化学与生物之间的关联所在。乔伊斯发现，当两种不同的 RNA 分子（让我们将其分别命名为 RNA-1 和 RNA-2）所处的环境中具有某种底物能够让它们复制和进化，但是不足以让它们共存，如果 RNA-1 在底物的作用下复制效率更高，那么结果就是 RNA-2 将会逐渐消失。如果我们采用的底物对 RNA-2 的复制更有利，那么结果就会反过来——现在 RNA-1 将会消失，而 RNA-2 才是更适应这种底物条件的复制因子。这一化学反应结果完全符合生物学中竞争排斥原理的预测。因为两种复制因子的复制都依赖于同一种底物，所以这两种分子不能够共存，复制速度更快（更适应）的复制因子将把速度更慢的复制因子推向灭亡。

不过，接下来我们要讲的是一个更有趣且颇不寻常的现象：如果两种 RNA 分子可以在 5 种不同的底物，而不是一种底物的条件下复制并进化，那么这两种 RNA 分子将会以一种出人意料的方式共存。在刚开始的时候，两种 RNA 分子为了复制将会不同程度地利用这 5 种底物。毕竟在 5 种物质都存在的情况下，每一种物质都会得到或多或少地利用。不过妙处在于：一段时间之后，每种 RNA 都进化出了针对某种底物将其复制效率最大化的能力。比如 RNA-1 进化出了利用 5 种底物中的**一种**来最大化复制效率的能力，而 RNA-2 则进化出了利用另一种物质来最大化其复制效率能力。最终的结果就是这两种 RNA 分子现在**可以共存**了。

这个设计精巧的实验利用了存在竞争关系的复制因子所具有的特质，并且发现了这两种 RNA 分子的行为正是对“达尔文的雀鸟”的模仿！每种分子都通过进化来保证自身可以更高效地利用某种底物，就像达尔文的雀鸟为了适应自然资源而进化出了不同的体形和喙的形状一样。分子复制因子模仿生物行为的这个伟大发现（事实上应该反过来说，因为分子复制因子的出现要早于生物复制因子），明确且有力地展现了化学与生物之间的紧密联系。“达尔文的雀鸟”不过是重复了数十亿年前某种分子的行为而已。

最后，我希望说明我们在化学层面上也能发现通常只存在于生物系统中的特殊复杂性。这又能为化学和生物复制过程之间的联系提供新的例证。我们已经讨论过生物的核心本质就是其复杂性。事实上，从进化的时间框架上来看，复杂性很明显是从相对简单的状态开始，然后复杂性持续增长，最后变得更加复杂。在大约 40 亿年前出现的最简单生命形式是一些简单的细胞和原生质体（不具有细胞核和细胞器）。但是，在经过了大约 20 亿年的进化后，真核细胞出现了，这些细胞中具有细胞核和有膜包被的细胞器。大约 6 亿年前，生物发生了进一步复杂化的进化过程，在这个过程中多细胞有机体（包括植物和动物）出现了。[55] 上述进化过程有一个很明确的特点，那就是生物朝着复杂性递增的趋势发展。（当然，上述发展过程只在多细胞真核生物这一小部分生命体中成立，而更多的生命形式如细菌、古菌等依然保持着简单的形式）所以，在图 6 里我们称为“生物阶段”的过程中，生物复杂性不断增长的现象有着明确的证据支持。

对于图 6 中的化学阶段我们又有什么了解呢？我们对于历史细节方面的信息一无所知。不过，我们倒是比较清楚从化学到生物这个转化过程的本质。一个相对简单的非生命分子系统通过某些途径转化为了高度复杂的活细胞。这意味着在这个转化过程中，该系统的复杂性也在不断增加。正如我们已经指出的那样，即便是最简单的生命体也是高度复杂的。换言之，**图 6 中所展现的化学阶段和生物阶段都是一个持续复杂化的过程**。但是，我们该如何从化学的层面来理解这个显而易见的复杂化过程呢？

根据我们在第 5 章中的讨论，我们对于前生物世界的直接信息知之甚少。不过，在早期阶段中有一件事我们比较有把握，那就是数十亿年来控制化学反应的规则没有改变。这意味着现在我们通过研究“对的”化学反应，就可以了解数十亿年前发生的情况。而这个“对的”化学指的就是系统化学，是那些发生于复制分子和它们所构成的网络中的化学反应[56]。这样的研究也许可以让我们了解前生命时期的复制因子发生了哪些**类型**的反应，早期复杂化的过程也被包括在这些反应中。

那么，我们对于简单的化学复制因子又有哪些了解呢？我们都知道让单个分子开始自我复制是十分困难的。事实上，在没有任何生物物质的辅助下，让所谓的复制分子开始复制所要面临的重重困难，一直被视为反对生命起源“复制优先”假设的有力证据。不过，让我们先回到杰拉尔德·乔伊斯实验室最近发现的具有启发性的结果。尽管让单个分子开始复制充满了困难，但是乔伊斯却得到了一个不需要酶的辅助就可以自我复制的 RNA 分子。我们将这个 RNA 分子称作 T，T 分子由 A 和 B 两个 RNA 片段构成，在这个特别的反应中，T 分子遵循着我们在第 4 章中详细描述过的模板机制进行复制。T 分子作为模板诱导溶液中处于自由状态的 A、B 两个片段附着到该分子上，然后二者连接起来形成新的 T 分子。这个过程的结果就是：一个单独的 T 分子通过诱导溶液中自由状态下的 A、B 两个组成部分相互连接实现了自我复制。[57]

虽然这样的复制反应可以发生，但是其反应速率奇低——要让样本 RNA 在数量上翻倍需要 17 个小时。不过，反应速度缓慢还不是唯一的问题。毕竟与数以十亿年计的进化过程相比，17 个小时又算得上什么呢？另一个问题是复制反应进行两轮后就会因为一些副反应而停止。所以，即便为系统提供所需的反应物（比如更多的 A 和 B），这个复制反应也不能持续下去。那么现在我们就来讲讲乔伊斯有趣的发现。当他把单个 RNA 分子替换为由两个离散的 RNA 分子组成的双分子系统后，复制反应开始迅速地展开。最开始的样本分子在一个小时之内数量就翻倍了，而且只要继续提供反应物，复制就能一直进行下去。怎么会这样？为什么会出现这样的差异呢？

先让我们指出在这个过程中有哪些情况没有发生。在这个双分子 RNA 系统中，每个分子进行的**不是**自我复制，而是两个 RNA 分子相互诱导对方的复制。在化学中，我们把这种现象称为“交叉催化”，每个 RNA 分子催化另一个 RNA 分子的形成。所以，双分子 RNA 这个更复杂的系统确实具有自我复制的能力，但是其自我复制的方式更加复杂。系统中的各个组成部分并不是逐个地分别进行复制，而是系统作为一个整体在自我复制。这二者之间的区别十分重要。整体复制是生物学中的常态，细胞复制的时候就会如此，细胞作为一个整体形成自身的拷贝，而不是细胞内每个成分都各自进行复制。那么，这个发现有什么意义呢？简而言之，它说明了简单的复制系统只能**低效率**实现的事情，复杂的系统却能够**更有效**地完成。

这种化学层面“投桃报李”的行为虽然具有实际的用途，

但是其意义却超越了简单的利益互换。这种协作关系更深层的含义是：“我自己做不好的事情可以通过合作来更有效地完成。”合作带来的是双赢的结果。难怪合作关系在生物世界里随处可见，生物学家们也将其称为“共生关系”。杰拉尔德·乔伊斯从这两个 RNA 分子中获得了伟大的发现。这为化学与生物之间的紧密联系提供了又一个例证。**分子的复杂化过程**可以提高系统的复制能力。

我们现在再来看看图 6 就能从中发现新的意义。我们在前面的讨论中指出，复杂化过程参与了分子复制和生物复制两个阶段。事实上，从进化的时间跨度上来看，这就是一个完整的复杂化过程。两个阶段的主要区别在于第一个化学阶段是**低复杂性阶段**，而第二个所谓的生物阶段是**高复杂性阶段**，这两个阶段都发生在复制个体之内。结论似乎已经很清晰了：复杂化过程主要通过建立网络而实现，这个复杂化过程就是推动简单化学复制因子转化为更复杂的生物复制因子的机制。事实上，如果我们承认复杂化是一个关键的进化过程，那么我们可以得到一个惊人的结论，那就是以往公认的进化因果顺序需要重新修正。生物进化通常被认为遵循着以下的因果顺序：**复制、变异、选择和进化**。但是我们现在发现这个过程忽略了一个关键步骤——复杂化。现在这个顺序应该变成：**复制、变异、复杂化、选择和进化**。这个顺序对于化学和生物两个阶段同样适用。

现在可以对我们的结论进行一些澄清了。前面的讨论可能会让人们觉得进化的过程完全依赖于复杂化，事实当然并非如此。在某些特例中，进化也会朝着**简单化**的方向进行。这样的例子在生物学中很常见。比如穴居动物如蟋蟀和洞穴鱼，它们为了适应黑暗的环境而失去了视力。令人惊讶的是，我们在化学系统中也可以发现几乎一模一样的简化现象。回想一下施皮格尔曼的分子进化实验。因为较短的 RNA 分子复制速度更快，所以在实验中复制的 RNA 分子变得越来越短。这个经典的实验为简化过程的研究提供了一个**化学**范例。正如洞穴鱼在黑暗中失去了视力，施皮格尔曼从 Qβ 噬菌体中提取出来的 RNA 也抛弃了病毒基因组在资源丰富的人造试管环境下多余的部分。存在于生物和化学进化中的简化过程进一步加强了二者之间的联系，并且又为图 6 中进化过程的统一性提供了支持。下面回到我们现在的主题上来。除了这些简单化的特例，很明显无论在生物还是化学的进化过程中，复杂化都是其背后的趋势。

经过以上的实验和分析，读者们或许已经被“自然发生过程和生物进化过程实际上是由单一机制控制的完整物理化学过程，而不是两个分别遵循不同机制的独立过程”这一说法所说服。这个观点能给一系列生物、化学问题带来新的见解。如果说这一结论是正确的，那么我们不但可以将**化学**规律应用于化学阶段，还可以利用这些规律来更好地理解**生物**阶段。而且，我们也能将150余年来研究达尔文主义进化论的**生物**理论用于理解**化学**阶段。这毫无疑问是双赢的局面！不过除此之外，这二者之间的统一让我们明白，化学和生物事实上是一体的，它们之间由一个**复杂性连续体**连接了起来，生物不过是复制化学的延伸。有趣的是，我们在序章中提到达尔文早就天才般地预言了自然发生过程和生物进化都遵循着某种一样的规律。不过，有赖于出色的系统化学家们在过去几十年的研究成果，我们现在不需要去推测出一个普遍的生命规律——我们可以通过已经存在的事实来阐述这样的规律。

那么，生物与化学之间的融合能带给我们什么启发呢？在回答这个问题之前，我们需要重新表述图6。传统的方式会用化学的语言表述图6中的第一阶段，用生物的语言来表述第二阶段——将每个阶段都用其独特的学科语言表述出来。但是我们有过出国旅行的经历就会明白，如果对话的双方都不了解彼此的语言，那么这样的沟通不但不会带来什么帮助，反而会让人感到沮丧并且造成误解。为了让我们更深地理解这个连续的过程，我们需要用同一种语言来描述这两个阶段。那么该使用哪种语言呢，化学的语言还是生物的语言？这个问题的答案直截了当：包括化学和生物阶段在内的整个过程都应该通过化学的语言来表达。下面让我来解释一下原因。

在前面的第3章中，我解释了如何通过不同的层级来理解科学问题。更高复杂性层级的现象通常可以用较低层级的规律来解释。因此，我们通常用化学规律来解释生物现象，用物理规律来解释化学现象，而不是反过来操作。回想一下史蒂文·温伯格说过的话："解释的箭头始终朝下。"为了阐明这个观点并且展现层级解释方法的重要性，让我们来想想化学和心理学这两个学科之间的关联。如果你对一个心理学现象感兴趣，而且你想从分子的角度对该现象进行解释，这从科学的角度而言是完全可行的。比如你找到了精神分裂症的分子机制，那么这肯定是一个有趣的发现，药品公司会争先恐后地找上门来。但是，如果我们反过来操作，比如用**心理学**术语来描述**分子**现象，那么这无疑只会招来嘲笑。精神分裂的分子？神经质分子？别闹了！这个例子清晰地说明我们不应该用"适应性""自然选择""适者生存""协作共生"和"信息传递"等生物术语来解释本质上属于化学的现象。我们在关于化学反应性的文献中找不到这些生物学的词汇，化学现象通常都是由化学（和物理）的术语来描述的，因为化学与生物相比是更加基础的学科。我们的目标是在一个学科的视野下，重新对图6进行解读。基于这个目标，很明显我们应该选择的学科是层级较低的化学而不是层级较高的生物。所以，我们接下来就将沿着这个方向讨论下去，用化学的语言来描述图 6 中被分为化学阶段和生物阶段的整个过程。

“自然选择”是“动力学选择”

根据第 4 章中的描述，当我们将一些复制分子和它们的基本组成单位混合起来时，这些分子之间会发生竞争，就像生物体之间就有限的食物展开竞争一样。不过，按照我们前面的讨论，这个竞争过程不应该被视为**分子层面的自然选择**。化学中有一个专门研究化学反应速率的分支叫作化学动力学。化学动力学源自阿尔弗雷德·洛特卡（Alfred Lotka）一百多年前开展的研究。我们通过化学动力学可以很容易地分析两种复制分子针对同样的组成物质互相竞争的情况。化学动力学给出了一个适用于绝大多数情况的预测方法，那就是复制速度更快的分子比速度慢的分子更有优势，并且复制速度慢的分子会逐渐灭亡，我们通过计算二者的相对反应速率就可以做出预测。换言之，当两个复制分子为了同一种物质而竞争时，竞争的结果可以通过化学家们称作**动力学选择**的过程得到解释。“动力学选择”用通俗的话来表达就是：“速度更快的获胜。”由于复制速度快的复制因子能够更高效地将这些组成物质组装到新的复制分子中（导致这一结果的化学原因多种多样），这些复制迅速的复制因子数量不断增长，而复制速度慢的复制因子数量不断减少，直到完全消失。

不过，这个完全从化学领域中得来的结论确实可以引发生物学上的共鸣，它听起来很像生物学中的自然选择过程。当两个生物物种为同样的资源竞争时，其中能够有效利用这些资源的物种将把另一个物种推向灭亡。这就是我们在前面所提到的“竞争排斥原理”。不过，“自然选择”和“动力学选择”其实就是一个概念，将这一点明确地表述出来就是：

自然选择=动力学选择

生物学中的“自然选择”不过是对化学中“动力学选择”的模仿。“自然选择”是生物学术语，而“动力学选择”是化学术语。

这时读者们可能会问，为什么化学的表述要优于生物学的表述呢？尽管在前面我们已经说过“解释的箭头始终朝下”，但化学和生物学对这个现象的表述不都是一样的吗？它们所说的不都是复制速度更快，效率更高的复制因子，无论在化学还是生物中都将超越低效的复制因子吗？事实并非如此。因为化学所提供的解释更加根本，而且还论及了选择过程中更深层次的问题。因为化学系统从本质上来说更加简单，所以化学问题比生物问题更容易量化。化学系统的简单性使得我们可以把综合的化学复制反应进一步分解为单独的反应步骤。通过化学分析，我们能够知道一个分子复制因子在数量上超过另一个复制因子所需要的时间，我们甚至能知道在什么条件下这两个复制因子可以共存，并且能观察这两个竞争复制因子在适宜条件下的共存状态。

另一方面，生物系统的复杂性要高出许多个量级，所以我们也更难对它们进行详细的化学分析。这也是为何我们通常在不同的层级上讨论这两个学科。尽管如此，只要承认自然选择在根源上是一种已经研究得比较透彻的基本化学现象，那么这一认知就可以帮助我们建立起化学与生物之间的重要联系。

“适应性”及其化学根源

那么我们又该如何理解“适应性”这个生物学核心概念呢？这个概念在化学中对应的是什么？用化学语言把这个生物学核心概念翻译过来又能带给我们什么启发？根据达尔文的说法，适应性就是生存和繁殖的能力，而进化过程的终极目标就是将这种能力最大化。不过，这个由达尔文提出的概念完全是定性的描述，因此后来人们在尝试将这一概念量化时遇到了源源不断的麻烦。人们提出并讨论了大量的适应性类型，比如“绝对适应性”、“相对适应性”、“整体适应性”和“生态适应性”等等。这许许多多的适应性类型，显然证明了这一尝试的困难。适应性的问题十分复杂，而且在过去的半个世纪里也不断困扰着顶尖的生物学家们。因此，详细地研究适应性问题并不在本书的目标之内。在本书中，我们的研究目标缩小为：探究生物学和化学的结合能如何帮助我们理解“适应性”这个复杂问题的某些方面。

在我们前面对复制系统的讨论中，我们指出了这些系统的根本特性就是它们的动态动力学稳定性。这种稳定性不同于传统的热力学稳定性，它的性质主要体现为复制系统在一段时间内维持自身状态的能力。我们的讨论将揭示“适应性”只是“动态动力学稳定性”这个更普遍、更基础的化学概念在生物学中的表达。那么将这一点明确地表述出来就是：

适应性 = 动态动力学稳定性（DKS）

当我们将一个生物体归为“适应”的类型，我们真正的意思是：这个生物体是稳定的，这里的“稳定”指的是保持不变。不过，正如我们已经详细解释过的那样，这种稳定性只适用于描述群体，而不是群体中的个体。我们说一个群体是适应的（或稳定的），便意味着这个群体可以在不断的复制与繁殖过程中维持自身的状态。所以将“适应性”和“动态动力学稳定性”联系起来的直接结果就是，“适应性”最好被视为一个群体而非个体特征。动态动力学稳定性的概念在个体层面不具有真正的意义。一个复制系统中的稳定群体之所以“稳定”，是因为其中的个体在源源不断地生成然后再消亡，就像是喷泉中的水滴被不断替换一样。在生命的语境中，尽管关注个体的研究方法具有很强的吸引力，但是这种方法会让我们错过生命的本质——动态特征，即在一个特定的复制群体中，其组成个体不断更新换代的现象。最起码我们可以说：为了理解生命的本质，我们应该关注生命的**群体特征**而非**个体特征**。生命是一个进化现象，而进化仅作用于群体而不是个体。个体所做的不过是出生然后死亡。如果只关注个体，我们将会错过生命的许多内涵。事实上，个体思维所带来的困难可能要比以上所言更加深刻。究竟什么是独立的生命体？它们真的存在吗？这个问题的答案可能比我们所想的更加复杂。不过，我将把针对这个问题的讨论延后到第 8 章中展开。

群体对于正确理解复制因子的动态状态至关重要，这个观点在经过了 20 世纪 70 年代的一项重要理论研究后变得广为人知。该理论由诺贝尔奖得主、德国著名化学家曼弗雷德·艾根和奥地利杰出的化学家彼得·舒斯特提出，该研究的对象就是“准种理论”（quasispecies theory）。[58] 为了简明地解释这个理论，这里首先要说明什么是“适应性全景图”（fitness landscape）。根据我们在第 4 章中的讨论，当一个复制分子——比如某个特定序列的 RNA 分子——不断进行复制，那么在复制中偶然出现的错误将导致 RNA 变异体的形成。复制速度更快的变异体将把复制得更慢的 RNA 序列推向灭亡。一个序列中所发生的变化过程可以用适应性全景图（三维地形图）来表示。在这幅三维图像中，横轴代表着由变异引起的序列变化，而纵轴则代表着一个特定序列的适应性程度，纵轴的值越大就表示适应性越强。因此，适应性全景图就像三维地形图一样，图中会有山峰和山谷。图中的高点（山峰）代表了具有高度适应性的 RNA 序列（更快的复制因子），而图中的低点（山谷）则代表了适应性较低的 RNA 序列（较慢的复制因子）。这意味着某些具有特定适应性程度的起始 RNA 序列（表现在图中就是一个点），会不断在适应性全景图中搜寻代表着适应性最强的制高点。这种行为就像是登山者们在山上搜寻可以攀上的最高峰一样。

下面该说到我们的重点了。曼弗雷德·艾根和彼得·舒斯特发现，通过搜寻适应性全景图中的最高峰而得到的 RNA 群体并不是由单一序列的 RNA 分子构成的。该群体中包括许多不同序列的 RNA，处于这个群体核心的是最成功、适应性最强的RNA序列（该序列又被称作“野生型”）。这个由各种不同序列构成的RNA群体就被称为“准种”。为了更好地理解“准种”的本质，我们可以打一个比方：“准种”就像一群鸟儿，它们在序列全景图的上空飞翔，试图找到其中的最高峰。艾根和舒斯特通过电脑模拟RNA序列中的进化改变，发现被进化选择的并不是**最适应的某个序列**，而是**最适应的序列群体**，即最适应的准种。换句话说，进化过程的选择模式是挑选出**从群体意义上**（而非个体意义上）更适应的情况。事实上，我们可以在艾根和舒斯特重要的研究中发现群体异质性的重要性。一个通过变异产生的成功复制因子，既有可能来自复制速度**更慢**的RNA，也有可能来自复制速度**更快**的RNA。因此，现实可能与我们的直觉不同。一个群体在朝着适应性更强的方向发展的过程中，其中的个体复制因子可能反而先要经历一个“弱适应性”的阶段。群体异质性为进化创造了更多的可能性，使得进化的“魔力”可以得到充分的发挥，也就是说，异质性群体比同质性群体的进化效率更高。这一现象所传递出的信息十分清晰：复制因子世界中稳定性的本质源于群体而不是个体。进化是群体而非个体所要经历的过程。从进化的层面来看，个体不过是一个转瞬即逝的事件，是生命喷泉中的一颗水滴。

我们已经详细讨论了动态动力学稳定性的概念，现在一个相关的问题出现了：动态动力学稳定性可以被量化吗？简洁的答案是：在有限的程度内可以被量化。我们知道动态动力学稳定性具有独特的性质，而且前面也指出了进化朝着动态动力学稳定性增强的方向运行。单凭这一点就表明动态动力学稳定性是可以被量化的。不过，如果我们说进化使得动态动力学稳定性增长，这意味着它可以被计算出来，这种看法既对也不对。比如，在索尔·施皮格尔曼的实验中，两个RNA分子为了复制所需的组成物质而相互竞争，结果发现其中一个分子的复制速率比另一个分子更快。于是，两个RNA的相对复制速率可以作为衡量两个RNA分子群体动态动力学稳定性的一个量化指标。回想一下，正是因为群体间复制速率的差异导致了一群复制因子将另一群复制因子推向灭亡。但是，这种量化方法受到限制的原因有两点。首先，这种量化的尝试只适用于两个群体所依赖的资源一样的情况。这意味着，该方法只能应用于两个RNA群体相互竞争一些活性核苷酸的情况。但是，即便是在群体层面，用这样的方法来比较大肠杆菌和骆驼的稳定性也没有什么意义，因为这二者之间没有一个共同的参照指标，这就像是把苹果和橘子拿来做比较一样。

其次，量化动态动力学稳定性还有更深层次的困难。尽管我们在前文提到复制因子之间的相对动态动力学稳定性可以被估算，但是还会有其他的问题出现。复制的相对速率取决于反应条件。让我们回到索尔·施皮格尔曼经典的 RNA 试管实验。如果在试管中引入抑制复制速率的外源物质（事实上，这正是施皮格尔曼的做法），那么复制竞争中的赢家很有可能调换过来。改变反应条件，进化的进程也会发生相应的改变，达尔文式竞争的赢家很有可能会变成完全不同的 RNA 分子。当索尔·施皮格尔曼在反应混合物中加入溴化乙锭时，竞争的赢家变成了另一个序列。[59] 为什么会这样？因为加入试管中的外源物质对复制机制造成了影响，一些原本能够协助复制快速进行的序列受到了抑制，而另一些原本复制速度较慢的 RNA 序列则受到了青睐。换句话说，RNA 群体的动态动力学稳定性受到**条件**的影响，其稳定程度取决于反应中存在的特定物质。但是，这也意味着动态动力学稳定性与我们化学中的热力学稳定性颇有不同。比如，水的热力学稳定性就是一个确定的值，不受反应中其他物质的影响。（不过更严谨地说，热力学稳定性也受到诸如温度、压力等物理条件的影响）热力学稳定性是一个系统的固有属性。我们可以在**封闭系统**中对它进行测量。动态动力学稳定性则取决于反应的速率，它对反应条件十分敏感，而且只能在不断供给能量和物质的**开放系统**中测量。这使得比较系统之间的动态动力学稳定性充满了困难。

为了进一步说明这一点，让我们思考一个生物学上的例子。一个水池里的细菌群体是高度稳定的，数以亿计的细菌都在忙着进行复制，从而形成了一个细菌的动态群体。不过一旦往水池中加入氯气，这些细菌就会死亡。这样该群体的稳定性将不复存在。所以这个细菌群体的动态动力学稳定性将降为零。一样的细菌在不同的环境里，动态动力学稳定性则全然不同。但是池子里水分子的热力学稳定性就不会受到环境的影响。其热力学稳定性是相对于氢气–氧气混合物（生成水的物质）而言的，而且其变化（至少在很大程度上而言）也不取决于水所处的地点或者水中的其他物质。试图量化某个系统的动态动力学稳定性，就像参加一个标准答案在不断改变的考试一样！

上面的例子告诉我们一个道理：某些科学上很有意义的特征从本质上来说难以被量化，或者根本无法被量化。试图量化这些性质可能会徒劳无功，也可能会造成许多的困惑。以上将适应性和动态动力学稳定性联系起来的讨论清晰地展现了量化适应性的尝试为何难以实现。并不是所有涉及量的事情都可以被量化。对于适应性的问题而言，反应的实际情况是必不可少的信息。

我们已经谈到了在量化动态动力学稳定性方面存在着许多难点。尽管如此，还有两个可以粗略衡量动态动力学稳定性的指标存在。其一是当某个群体处于稳定状态时，构成该群体的复制个体数量的多少；其二是该复制群体能够维持其自身状态的时间长短。一个处于稳定状态的群体如果规模巨大，意味着该群体更有能力抵抗对其不利的环境改变。反之，群体的规模较小，那么很明显该群体相对脆弱而且更有可能灭绝。基于这一点，我们可以推断（从动态动力学稳定性的角度而言）蟑螂和苍蝇比熊猫更稳定。目前看来，蟑螂和苍蝇在可见的未来不太可能会灭绝，但对于熊猫而言，未来就远没有这么确定了。“复制”说到底就是一个数字游戏。时间也是衡量动态动力学稳定性的一个有用指标。蓝细菌在地球上存在了数十亿年的时间，我们当然可以认为它是稳定的。相较而言，现代人类不过存在了 15 万 ~ 20 万年的时间，所以从长远的角度来看，人类的稳定性就没那么有保证了。无论如何，认识到“适应性”不过是对一种特殊稳定性的生物表达，能够帮助我们将生物置于物理的语境之下，同时也能帮助我们实现将物理与生物学融合起来的目标。

“适者生存”及其化学根源

我们已经建立了“适应性”和“稳定性”之间的联系，那么现在是时候来寻找“适者生存”这个基本生物学术语（或者用更现代的生物学术语来表达——“适应性最大化”）在化学中对应的概念了。这样的做法具有重要的意义，因为这一生物学术语与化学概念之间的联系将让我们意识到图6中展现的整个进化过程——包括从非生命体到生命体出现的阶段和简单生物系统进化为复杂系统的阶段——可能都与一个已知的驱动力有关。这整个过程背后存在某种驱动力的作用，这一事实并不会令人们感到太过惊讶，因为这就是自然运行的方式。在大自然中，许多过程背后都有驱动力的作用。比如，川流不息的河水、雨滴、雪崩、坠落的苹果，都与重力有关。而所有的化学反应背后的驱动力就是无处不在的热力学第二定律。当然，就像我们在第3章中对“规律总结”的讨论一样，“力”这一概念应该从广义的角度来理解。不是只有可见的“力”才能够被发现。我们推测某种“力”存在与否的依据，通常是这种“力”在实践中的行为。所有复制系统都明显倾向于朝着更高效的方向转变，该转变的驱动力可以被视为一种**增强动态动力学稳定性的冲动**。换言之，“适应性最大化”这个生物术语不过是对“动态动力学稳定性最大化”这一更基本、更“物理”概念的生物学表述。所以，我们可以把它们等同起来：

适应性最大化 = 动态动力学稳定性最大化

简而言之，复制系统倾向于变成更成功的复制因子，即在一段时间内能够更加有效地维持其自身状态。在这一前提下，图 6 中自然发生过程和生物进化这两个阶段**都是**增强动态动力学稳定性冲动的体现。因此，我们不应该将非生命物质转化为简单生命的过程视为随机的化学事件，而应该将其视为一个由已知驱动力推进的完整过程。这一驱动力同样作用于所谓的自然发生过程和生物过程，这也是为何两个阶段应该被视为一个完整的过程。进化背后的驱动力并不是人们一直认为的“自然选择”——“自然选择”只是实现进化的手段，而不是其动力。正如“自然选择”的名称所揭示的那样，它所做的不过是“选择”罢了。“自然选择”（或者用它在化学中的名称，“动力学选择”）通过不断清除群体中降低其动态动力学稳定性的个体，从而将复制群体的发展引导到动态动力学稳定性增强的方向。这一点适用于整条进化之路，从预示着生命开端的简单生物群体，到复杂的生命形式。

我们已经明确了进化的驱动力，而且也找到了改变的基本机制——复杂化。我们在本章的前半部分讨论过，复杂化是复制系统增强其动态动力学稳定性的主要（却不是唯一的）机制。如果我们仅观察短时段内的进化改变，那么这一点就没有那么明显，正如我们不能从一天又一天的改变中观察到人类衰老的过程一样。不过如果我们后退一步，从更长的时间跨度上来观察进化的过程，我们就能很明确地发现这一点。现在我们越来越清楚，生命的开端十分简单（它可能是一个极其不稳定的复制系统，比如一个复制分子或者一个小的复制网络），然后变得很复杂，形成了如大象等多细胞生物的复制因子。[60]这个复杂化的转变过程可不是一蹴而就的，这个过程经历了数十亿年的时间。这个过程就发生在我们身边，它的存在毫无疑问。起初，前生命地球上的某个未知地点出现了微小的生命，然后在这个过程的作用下，现在的地球上布满了大大小小的各种生命形式，它们之间通过一个令人赞叹的生态网络联系了起来。下面我们来详细探讨一下复杂化的过程。

前生命地球上最初的复制系统肯定十分脆弱。一流的化学家在尖端的实验室里才能够诱导复制分子进行复制。复制分子的性质不太稳定，而且让它们开始复制并不是一件容易的事情。你可以去向任何一位系统化学家求证情况是不是这样的。但是，仔细观察一下在花园后院随机取得的土壤小样，你将发现数以亿计的细菌正在活力满满地进行复制，其中没有化学家或是博士后的指导，没有实验室，也没有实验仪器。细菌是十分强大而高效的复制因子。从动态动力学稳定性的角度而言，细菌是十分稳定的，其高度稳定性来自长期复杂化的进化过程。换言之，通过逐步地进行复杂化，最初脆弱而极其不稳定的复制系统发展成了高度稳定、复杂的复制体——细菌细胞。我们目前还不知道，可能永远也不会知道最初的复制系统是什么，或者该系统最初如何发展成了稳定的生命形式。这些历史信息都被笼罩在了时间的迷雾之中。不过，杰拉尔德·乔伊斯在实验中发现，双分子RNA系统的复制效率要高过任何单分子RNA，该结果已经清楚地展现出通往复杂生物系统的第一步的**本质**。

信息及其化学根源

信息的概念渗透到了现代生物学中的各个方面。事实上，有的书整本都在讨论这个话题，这种现象背后自有其原因。信息的概念是我们理解分子生物学关键过程的核心，构成DNA分子的核苷酸序列中就包含了重要的遗传信息。从这个角度来说，DNA复制可以被视为一个储存信息的过程，在这个过程中遗传信息从一代传到了下一代。那么这些信息是如何表达的呢？翻译和转录是分子生物学中心法则中的关键步骤，这两个步骤解决的正是这一问题。在这些步骤中，DNA序列中的信息被翻译成了许多独特的蛋白质结构。生命的大部分功能就以这些蛋白质为基础。不过，现在问题来了。打开任意一本化学的教科书，你很有可能完全找不到“信息”这个词。化学家们谈的都是“反应性”“选择性”“稳定性”“反应速率”“催化”和其他许多化学术语，但是并不涉及“信息”。为什么会这样呢？如果生物不过是一种复杂的化学，而“信息”又处于生物的核心地位，那么“信息”在化学中一定也占据了一席之地。若非如此，生物系统中的信息又从何而来呢？

要回答以上的问题，先让我们从化学而不是生物的角度来想想 DNA 的反应。那些奇妙的 DNA 分子，在复制的过程中承担着**自催化剂**的角色。DNA 是自催化剂，因为它能够催化其自身的合成。如果没有一个 DNA 分子作为复制模板来辅助这个自催化的过程，这些核苷酸不会自发地形成另一个 DNA 分子。当然，DNA 的功能不仅仅是催化其自身的形成。在 DNA 转录形成信使 RNA 的过程和接下来信使 RNA 翻译成为氨基酸序列（蛋白质）的过程中，DNA 同样起到了**催化剂**的作用，它催化了其他物质的合成。如果没有这些特定序列的 DNA 分子，上述转变过程根本不会发生。DNA 片段通过核糖体的机制表达了出来，这个 DNA 的具体序列决定了最终获得的蛋白质的准确结构。一旦改变这个 DNA 序列，你所得到的蛋白质结构将完全不同。因此，这意味着 DNA 不仅仅是一个自催化剂，而且还是**高度精确的催化剂**。一个特定的 DNA 片段与一个特定的蛋白质相对应，另一个 DNA 对应的又是不同的蛋白质。我们只要稍做思考就能想到，**在生物语**

境中的“信息”一词，如果放到化学的语境中就是“**精确催化**”。这两种科学所使用的不同术语可能造成了一些原本并不存在的分歧。所以如果从化学的角度来看，在进化的过程中发生的现象是：一些自催化剂通过进化提升了它们的催化性能。最初，原始的核酸自催化剂可能只能催化简单肽的形成，它们可能是原始翻译过程中的前体。但是，随着时间的推移和遗传密码的确定，在动态动力学稳定性的推动下，核酸催化功能的效率和精确性会不断提升。“形成信息”这一生物现象，不过就是“**形成并优化精确催化的功能**”这一化学现象。

我们现在需要解释一下“信息”和热力学第二定律之间的联系。从热力学的角度来说，高度有序的 DNA 分子序列当然是不稳定的。在第二定律的支配下，有序的系统将朝着无序的状态发展，那么造成的结果是信息的解体，而不是信息的生成。这也意味着信息无缘无故地生成可能与热力学第二定律相矛盾。当然，现实是二者之间并不矛盾。就像我通过撰写这本书创造了信息一样（希望如此），进化的过程同样可以创造信息，当然这一切的前提是消耗必要的能量。这就是生命新陈代谢过程产生的原因——为了给生命的机械运转提供必要的能量并且维持生命远离平衡态的状态。因此，“为何信息会无故产生”这个问题，不过是对薛定谔提出的“为何不稳定且远离平衡态的系统会产生”这个问题的改写而已。我们下面就要讨论这个问题。

走向广义进化论

基于前面的讨论，我们现在可以将广义进化论中的核心部分串联起来，这个理论对于化学复制系统和生物复制系统同样成立。正如生物中的进化理论一样，这个广义理论的核心部分也是复制、变异和选择。但是，我们已经指出应该将“复杂化”的过程整合到这幅大的蓝图中去，那么进化的因果顺序就变成了：**复制、变异、复杂化、选择和进化**。

下面我们将开始说明进化“为何”以及“如何”发生。“为何”指的是这个过程的驱动力，即增强动态动力学稳定性的冲动；“如何”指的是这个过程的具体机制，以及这个过程如何由以上所说的复制、变异和复杂化等步骤所构成。进化的开端是一些寡聚复制体的出现，这些复制体的复制结果常常是不完美的。可能是RNA或者与之相关的分子启动了这一进化过程，不过我们也不能排除其他可能性的存在。不管情况如何，该分子的具体信息对于探究这一过程的规律并非必要。一旦该分子开始了自我复制，无论复制仅限于其自身，还是发生在一个小的网络范围内，这个分子都将朝着增强其稳定性的方向发展，因为复制体都具有增强动态动力学稳定性的冲动。现在到了进化过程的第二步。分子开始复制之后，伴随着复制的过程偶尔还会出现变异的现象，这导致了一个多样的复制因子群体的形成。此外，如果我们将水平基因转移视为增加遗传多样性的另一个机制，那么显然遗传多样性不仅仅来源于复制这个步骤。

下面到了“复杂化”这一步。任何一个分子复制因子（或者复制网络）一旦形成，它将倾向于与其他的物质相互作用，进而可能形成更复杂的复制因子。重要的是，复杂化的步骤从最开始的分子层面——系统受到动态动力学稳定性控制的那一刻起——就发生了。当然，复杂化的过程不仅仅发生于复制分子中。复制序列可以催化其他化学物质（如肽）的生成，这些化学物质（肽）可能对该序列的复制反应具有催化活性，这样也能够进一步推动复杂化和向更稳定的复制系统发展。因此，复杂化阶段也是一个**共同进化**的过程，因为非复制分子也能参与建立日益复杂的复制网络。只要该系统能保持整体的自催化性，那么这样的过程就将一直持续下去。因此，复杂化的步骤建立起了日益复杂的化学网络，而该网络就是增强复制因子动态动力学稳定性并生成稳定复制系统的基本机制。

最后是“选择”的步骤。一旦一个具有多样性的复制系统群体建立了起来，那么（动态）选择将会改变群体中各种复制因子的比例，从而增强群体的动态动力学稳定性。当然，这个不断“复制”“变异”“复杂化”和“选择”的循环所造成的结果就是**进化**。

现在，让我们回到“进化的驱动力是什么”的问题。我们在前面的讨论中已经将“适应性最大化”翻译成了“动态动力学稳定性最大化”。这样的“翻译”帮助我们直接将生物置于物理化学的世界中，这个世界也是生物学的最终归宿。正如在“常规”的化学世界中，一切物理和化学系统的动力都是朝着更稳定的状态发展；在复制世界中，系统的动力也是朝着稳定的状态发展，只是适用于复制系统的稳定性是动态动力学稳定性。我们现在发现从这个意义上而言，物质世界可以被划分为两个平行世界，一个是“常规”的化学世界，另一个是复制世界。热力学第二定律控制着“常规”世界的物质转化，而控制着复制世界的则是另一个类似于第二定律的法则。所以，显而易见，我们同时生活在两个独立的化学世界中，这两个世界分别被不同的稳定性所控制，因此也展现出了两种不同的化学性质，其中那种属于复制世界的化学也被称为生物学。

代谢（获取能量）能力是如何出现的？

现在，我们必须要回答那个无法避免的问题。为什么会有两个控制化学转化的不同法则，这难道不是自相矛盾吗？为什么会存在两种稳定性？这两种稳定性出现分歧时会造成什么结果，哪种稳定性会占据优势？答案让人十分惊讶。虽然热力学第二定律是终极法则，它的指引也不容忽视，但是占据优势的却是控制着复制世界的法则！让我们来思考一下为何会如此，只有这样我们才能深入了解那曾经困扰着埃尔温·薛定谔的问题——远离平衡态的系统是如何自发产生的？

确实没有物理或者化学系统能做出违背热力学第二定律的改变。这样做无异于让球自发地朝上坡的方向滚动，这样的情况不会发生。但是，如果复制系统得到了一个获取能量的系统，不就可以鱼与熊掌兼得了吗？因为，只有产生了获取能量的系统，复制系统才能在朝着增强动态动力学稳定性方向发展的同时也满足热力学第二定律的严格要求，哪怕这二者的要求常常互相违背。但这一切是如何自然产生的呢？

在最近的一个理论模拟中，本-古里安大学化学系的两位科学家伊曼纽尔·坦嫩鲍姆和纳撒尼尔·瓦格纳，以及我本人证明了，一个复制分子通过某些意外的变异产生了捕获能量的能力。比如，一个复制分子可以捕获光能，那么在原始的光合作用中，这一点已经足够战胜其他不具有这个能力的复制分子，并将那些分子推向灭亡。[61] 即便具有能量捕获功能的复制因子的复制速率比其他分子要慢，这一点也依然成立！为什么会这样？复制如果要顺利进行，那么组成该分子的基本单位需要从化学上被激活。只有被激活之后，这些附着在模板分子上的基本组成单位才能相互连接起来。这是热力学第二定律的要求，复制分子必须遵守。不过，被激活（高能量状态）的组成单位通常要少于未激活（低能量状态）的组成单位。因此，一个不具有代谢功能的复制因子（不能获取能量）很快就会用尽被激活的组成单位，一旦这些物质被用尽，复制的过程就会停止。但是，如果复制分子具有代谢功能（能获取能量），那么这些分子在获得了能量后可以将能量转移给附着在其上的组成物质，从而激活这些组成单位。换言之，能够获取能量的复制分子可以明显**增加**处于激活状态的组成物质，因此也能促进该复制分子的复制。

说得更通俗一些，具有能量获取能力的复制因子能够让其自身“摆脱”热力学第二定律的束缚，正如汽车的引擎使得它们可以摆脱重力的束缚一样。如果有外部能量的供给（汽油），一辆机动车也并不是只能朝着下坡的方向前进，它也能往上走。换言之，就像机动车是出行的便捷交通工具一样，一个可以获取能量的复制因子也比不具有这一能力的复制因子更加成功。上述类比的重点在于，它阐明了**一个通过变异而具有了能量获取功能的复制系统，从动态动力学的角度来**

说变得更加稳定了，因此这样的系统也能在选择的过程中占据优势。到目前为止，我们将结构的复杂化视为增强动态动力学稳定性的主要方法，不过我们现在发现其他形式的复杂化，如代谢复杂化（从获取能量的角度而言），也可以起到增强动态动力学稳定性的作用。**事实上，不具有代谢功能（处于能量底端）的复制因子一旦产生了获取能量的能力，那么这一刻就可以被视为生命的开端**。从此刻开始，复制系统可以自由地去追寻其复制的“目标”，同时能够补充该过程所需的能量损耗。而且重要的是，随着这个能量获取机制在系统中的整合，动态动力学稳定性和热力学第二定律之间互相冲突的要求同时得到了满足。这意味着我们阐明了**热力学不稳定**但**动态动力学稳定**的原因。这个让薛定谔和其他物理学家们头痛不已的问题，似乎已经有了一个合理的解答。

“代谢优先”还是“复制优先”？

基于我们对于生命起源和生命理论的讨论，现在我们可以重新审视一下“代谢优先 / 复制优先”这个至今仍然困扰着生命起源论争的难题。我们将发现，通过将化学阶段和生物进化阶段合并为一个过程，我们很有可能解决这一论争本质上的不确定性。其潜在的问题是，基于模板的复制或原始的代谢过程（简单自催化循环的形成）是否是生命产生的核心因素。回顾前面的内容，“复制优先”派认为地球上的生命来源于能够通过模板机制进行复制的类似于 RNA 的链状分子；“代谢优先”派认为一个自我复制的系统首先应该具备一个简单（但是完整的）自催化循环。杰拉尔德·乔伊斯充满启发的 RNA 复制实验给这个问题的答案提供了一丝线索。回想一下，单个的 RNA 分子不能高效复制，而双分子网络则有这样的能力。这个关键的结果指出，由模板引导的自催化反应和循环网络的形成可能都是生命出现的关键因素，**二者之间很有可能密切同步**。简而言之，**如果不通过复制，复杂化（比如反应循环网络的形成）是不可能实现的；如果没有复杂化，由模板引导的复制过程也将失去继续进行的方向**。因此，我们认为“复制优先 / 代谢优先”这样的二分法可能已经不再恰当。与其将二者视为相互冲突的过程，我们不如用一个将**复制和代谢联系起来**的观点取而代之。这种所罗门王式的解决方法[1]指出了，复制和原始代谢过程的出现可能都是生命出现早期阶段的重要因素。只有将这二者结合起来，生命才能从简单的非生命源头中诞生。

[1] 此处来源于《圣经》中的故事。两个女人都声称自己是一个孩子的母亲，所罗门王同时将那个孩子判决给两个女人，这样双方才能展现出对孩子真正的感情。通过这样的方法，所罗门找到了孩子的亲生母亲。——译者注

第8章

生命是什么

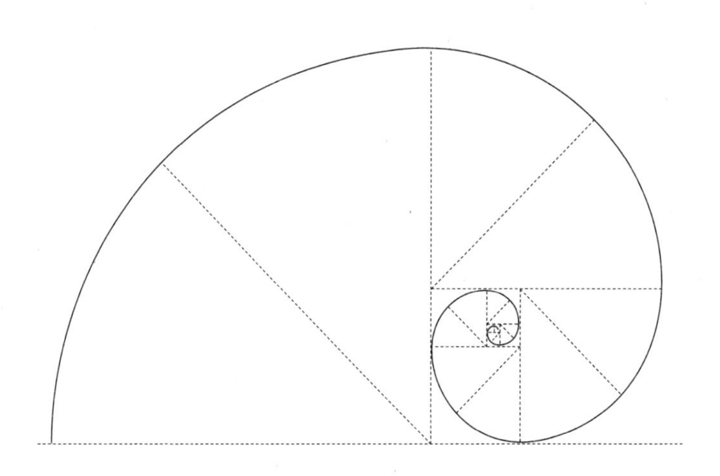

本书已经呈现了高度精密的生命拼图中的许多碎片，在最后一章中我们将试着把这些碎片拼凑起来，并且勾勒出一个生命理论的概貌，以回答薛定谔那个朴素的问题：“生命是什么？”检验这个理论的方法比较简单。这个理论应该能够用简单的化学术语来解释为什么生命具有那些特殊的性质，能够阐明生命体从非生命体中诞生这一过程所遵循的规律，并且试着就分子如何合成生命体给出一个笼统的解释。

在总结生命理论之前，我们不要忘了另外一个关于物质的已被确认的理论——量子理论。照理说，这个理论应该可以预测**任何**化学系统的性质和未来的行为。这暗示了生命理论可能也是这个普遍理论的一部分。从理论上来说这一点确实没错，但是这样来看待生命会让问题变得更加难以捉摸。在实际应用中，量子理论只能处理一般的化学系统，而生物系统从整体上而言过于复杂了，所以该方法在这样的系统中并不适用。试着去问一位计算量子化学家，看他能不能解决一个需要明确考虑整个系统复杂性的生物学问题，他很有可能会做个鬼脸然后走开。所以，我们需要另外一个关于生命的理论。“另外”不代表着孤立。这里所指的“生命理论”就像俄罗斯套娃一样，不过是包含在更普遍的“物质理论”中的一个小套娃罢了。但是正如前文强调的那样，尽管生命极其复杂，我们还是能够构想出一个生命的理论。该理论假设生命起源于简单的系统，生命的本质也恰好体现在其简单的起源之中。通过探究设想中的生命起源，我们将能够把握生物学的核心并解决生物学中一些最基本的问题。不过，为了能够触及问题的关键，我们需要先突破“复杂性”的重重阻隔，然后才能揭开其中隐藏的奥秘。要突破“复杂性”的问题，我们需要沿着**逆时间轴**的方向进行探究。复杂性是逐步建立起来的，因此我们应该从概念上回溯这个过程，直到触碰到问题的核心。只有逆向探索地球上生命出现的过程，我们才有可能发现“活着”的本质是什么；只有触及了问题关键，我们才有可能开始理解生命**为什么**出现并清晰地认识生命**是什么**。

该方法将我们引向了系统化学。在前面的章节中，我们已经详细讨论过这个研究简单复制系统的化学分支。通过研究简单的复制系统，我们发现了一个了不起的联系——达尔文理论这个基本的生物定律可以被整合到一个更普遍的化学进化理论中去。该理论同时适用于生命体和非生命体。我认为这样的整合理论才能构成生命理论的基础。将化学和生物从根本上联系起来具有深刻的意义，例如自然发生阶段和生物进化的统一就是这种联系所产生的意义之一。自然发生和生物进化是一个连续的过程，自然发生（从非生命体转变为最早的生物）是低复杂性过程，而生物进化则是高复杂性过程。这二者的统一能够阐明简单非生物进化到复杂生命体的物理本质。通过揭示将非生物和生物联系起来的过程，“什么是生命”这个问题的核心开始逐渐显现。生命的出现起始于简单复制系统的产生，这个看似不重要的事件打开了通往一种与众不同的化学——复制化学——的大门。进入复制化学的世界后，我们发现了自然中的另一种稳定性——物质的动态动力学稳定性。这一性质让物质善于进行自我复制。探索复制化学的世界能够帮助我们解释为什么一个简单而原始的复制系统在过了一段时间后会变得愈发复杂，原因就是：为了增强它的动态动力学稳定性。

的确，生命系统与大量的化学反应有关，但是生命的本质和生命过程的开始都离不开复制反应。复制反应的独特之处并不在于它的产物**是什么**，而在于产物**有多少**。为了进一步说明复制反应的独特性质，下面我们来考虑一个例子。假如一个质量大约为 10^{-21} 克的复制分子每分钟可以复制一次，那么在接下来的 5 个小时内，这个复制分子（从理论上来说）将增长为一个质量超越整个宇宙的群体！试想一下，一个复制分子以中等的速度进行复制，在短短几个小时内就可以用尽整个宇宙的资源！复制反应十分独特，它与其他任何出现在化学教科书中的化学反应都完全不同。它具有令人惊叹的动力——这种通过指数增长获得的力量颠覆了传统的化学规则。当然，热力学第二定律也适用于复制系统，但是复制反应的巨大动能似乎避开了这个定律无处不在的束缚。稳定性是化学中的基本概念，但是这惊人的动力创造出了一种独特的稳定性，它与我们在化学中所熟悉的其他稳定性不同。根据我们第 4 章中的讨论，在“常规”的化学中，如果一个物质**不发生**反应，那么该物质是稳定的。但是在复制系统的世界里，一个物质如果要保持稳定（这里的“稳定”指的是维持性质的一致），那么该物质就必须**发生**反应，要生成更多的自我备份。从维持一致的角度而言，一个物质越**擅长**于自我复制，那么该物质也就越稳定。

这就是动态动力学稳定性概念的核心。不过，这也意味着在复制因子的世界里反应遵循着一个**类似于热力学第二定律的规则**——复制效率低下的复制因子群体通过不断发生反应成为更加高效（更加稳定）的复制因子。当然，这些群体的行为同时也符合热力学第二定律的要求。在这所谓“另一个世界”的复制世界中所发生的化学反应与“常规”世界中的反应相比，可以说是十分独特的。所以这种化学又有另一个名字——生物学。因此，生物学也就是一种特别复杂的复制化学。“活着”的状态也可以被视为一种新的物质状态——**物质的复制状态**。这一状态的特性产生于复制个体所特有的动态动力学稳定性。通过这些讨论，我们得到了以下对于生命的定义：**生命是通过复制反应得到的一个能够自我保持动力学稳定的动态反应网络**。这段定义中的每个词都包含了定义中的一个要素。“自我保持”意味着该系统必须具有获取能量的能力，这样才能摆脱热力学第二定律的束缚；“动力学稳定”和“动态”两个词描绘的是动态动力学稳定性；还有一些词语可以从字面的意思上来理解，比如“网络”和“复制”。不过，我们稍后会在生命的网络层面这个重要问题上再进一步展开讨论一下。当然，基于这样的定义，死亡不过是一个系统从动态的复制世界逆向回到热力学世界（“常规”的化学世界）。

现在我们总算搞清楚了。尽管生命是一个极其复杂的现象，生命的规律却出奇地简单。生命不过是由特殊的链状分子（对地球上的生命而言，该分子就是核酸）持续地复制、变异、复杂化和选择的循环所产生的化学反应网络。其他的化学系统很可能也具有这样的性质，不过这一猜想目前还没有通过实验得到研究和证明。因此，生命就是指数增长的力量作用于特定化学复制系统而产生的化学结果而已。

动态动力学稳定性的核心理论观点并不是什么新闻。托马斯·马尔萨斯（Thomas Malthus）在他出版于1798年的经典著作《人口学原理》（*An Essay on the Principle of Population*）中充分认可了指数的数学力量。1910年，阿尔弗雷德·洛特卡对于动力学理论的早期研究也充分展现了在化学和生物系统中指数增长所带来的动力学结果。反常的是，以上就是人们要理解生命时所需的全部“硬性理论”了。注意，其中并不涉及量子力学这个不断打击人们信心的晦涩领域。从这个角度来说，生命是一个**经典**的现象，物理学家们试图将生命的特性归结于物质的根本的量子性质并无必要。当然，量子效应在许多化学领域中的重要性都是毫无疑问的，不过让人惊讶的是，有机化学和生物化学很大程度上可以在不考虑量子问题的基础上被理解。生命的复杂性带给我们许多困惑，也阻碍了人们领会以马尔萨斯、洛特卡、特罗兰、曼弗雷德·艾根和彼得·舒斯特等人为代表的研究所带来的启示。现在我们可以说明生命现象与其非凡的复杂性之间的关系了：复杂性并不是生命现象的**原因**或是**本质**，复杂性是生命现象的**结果**。复制反应导致了复杂性的产生，而不是相反的情况。自催化系统的基本理论和近来对于简单复制系统的研究相互关联了起来，它们所建立起来的网络让我们终于能够拼凑起生命谜题的碎片。

当然，只有能够对一系列现象做出解释的理论才是真正有效的。在下文中，我们将回顾第 1 章里讨论过的生命特质，包括生命的复杂性、目的性、动态性、多样性、生命远离平衡态的状态还有它的手性特质。我们希望探究这些特质如何能通过我们提出的生命理论而得到解答。最后，按照科学方法的要求，我希望根据概述的生命理论来做出一些预测。

理解生命的特质

生命的复杂性

生命是非凡的，我们在第 1 章中描述过的生命复杂性令人大感不解。现在，我们发现只要理解了动态动力学稳定性的本质就能够解释这非凡的复杂性。而且，根据我们前面的讨论，自然通过复杂化来增强系统的动态动力学稳定性。我们指的“复杂化”是复制世界中所特有的过程，而不是在“常规”的化学世界中可以经常见到的聚合现象。“常规”化学世界中的物质发生聚集，比如水冻成冰或者溶液中产生结晶，是因为固体聚合物是更加稳定的形式。不过，这里的稳定是指热力学稳定性。这种稳定性与反应性的**降低**有关，我们很熟悉这个化学原理。在我们周围的世界里，所有物理聚合物的产生都遵循着一个简单的原则，那就是组成这些物质的分子之间相互吸引，从而形成聚合物。这些聚合物比独立的分子要更稳定，反应性也更低。

动态动力学稳定性才是适用于复制世界的稳定性，其中物质聚合所遵循的规律将增强动态动力学稳定性，而不是热力学稳定性。在聚合过程中，我们几乎可以确定热力学也起到了作用。但是这些作用都不是最主要的，而且都只是为了辅助动态动力学稳定性的增强。我们仔细分析杰拉尔德·乔伊斯的 RNA 实验，就能在最简单的层面发现物质之间的交流。在他的实验中，两个 RNA 分子相互催化对方的形成，最终形成了一个简单的复制网络。简而言之，一旦一个简单且相对脆弱（动态动力学不稳定）的个体形成了，那么它将朝着复杂化的方向发展从而增强其动态动力学稳定性。伍迪·艾伦“怎样都行”的说法再次成为现实。在这个逐步发展的过程中，每一步都会形成更复杂、复制能力更强的个体。如前所述，生命的早期过程最有可能包括一个不断扩张的化学反应网络，复制性是其最主要的性质——这是一个复制网络。对于早期生命形成过程中的每一个具体步骤，人们只能推测，但是这个过程的总体特征是明确的，那就是通过复杂化的机制推动系统动态动力学稳定性的增强。因此，以上通过动态动力学稳定性术语表述出来的分析，解释了为什么复制世界和“常规”化学世界中的稳定性不同，以及为什么两个世界中的物质聚合过程（尤其是生命产生的过程）分别遵循着不同的规律。经过了数十亿年的进化后，人们总算可以理解进化的最终成品了：具有惊人复杂性的复制因子（即便是最简单的生命形式），同时其也将具有惊人的动态动力学稳定性。高度复杂性和高度动态动力学稳定性二者携手并进。

最后强调一点，我们在前面也提到过，在进化的过程中，化学和生物层面偶尔也会出现简单化而非复杂化的现象。“怎样都行”的观念在此同样适用，生物学中硬性的规则并不多。大自然也完全可以朝着简单化的方向进化，只要这样做能够增强复制因子的动态动力学稳定性。怎样都行！要从化学和生物上理解进化过程所遵循的规律，只需要牢记一点——动态动力学稳定性最大化。

生命的不稳定性

我们已经提到过，所有的生命体从热力学的角度而言都是不稳定的，正如一只鸟儿需要不断扇动翅膀来维持其悬空的状态一样。所有的生命体都像这只翱翔的小鸟，它们必须不断消耗能量来维持远离平衡态的状态。不过，这些热力学不稳定的个体似乎占据了世界的各个角落。为何会如此？不稳定的个体难道不应该逐渐消失，而不是不断地出现并在每一个可能的生态角落里落地生根吗？但是，根据我们在第4章中的讨论，这些生命体实际上是稳定的，只不过它们依据的是“另一种稳定性”——动态动力学稳定性。这种稳定性属于擅长自我复制的物质。如前所述，在复制因子的世界中，真正起作用的是动态动力学稳定性而不是热力学稳定性。那么，为什么这些从动态动力学的角度而言**稳定**的个体，却毫无例外地在热力学上**不稳定**呢？简单来说，这是因为动态动力学稳定性依赖于系统的持续反应，这样系统才能自我复制。为了实现这一点，系统必须具有反应性，也就是该系统要处于不稳定的状态。热力学稳定的个体不会发生反应，它们就像处于坡底的球一样，再也没有滚动的余地了。换言之，如果一个生命系统要成为成功的复制因子，那么该系统必然在动态动力学上是**稳定**的，而在热力学上是**不稳定**的。我们讨论过，这两个看似互相矛盾的要求可以同时实现，只要复制系统通过动力学选择得到获取能量的能力即可。能够获取能量的复制因子比那些不能这样做的复制因子更有优势，正如有引擎的汽车比没有引擎的车是更有用的交通工具一样。一旦某个复制因子通过偶然的变异得到了获取能量的能力，那么这个复制因子作为动态动力学稳定性更强的个体（更高效的复制因子）将很快把它的前体推向灭亡。这也是为何所有生命系统都无一例外地具有获取能量的机制——对于植物和一些细菌来说，这一机制是光合作用；对于动物而言，实现有机质分解代谢的是三羧酸循环（克雷布斯循环）。正因如此，世界上充满了动态动力学**稳定**但热力学**不稳定**的复制系统。这两种可能会相互对立的稳定性，在能量收集机制的帮助下得以和谐共存。近来，一位具有创新精神的法国化学家——罗伯特·帕斯卡尔已经开始探索在生命体朝着现代代谢途径过渡的时期，有哪些化学过程可能辅助了早期代谢系统的形成。[62]

生命的动态性

动态性是生命的显著特征。我们之前提到过，在不过短短数月的时间之后，你将不再是过去的你。从物质上而言，现在构成你身体的大部分物质都已经更新了——一个全新的你诞生了！你数以亿计的血细胞每天都在更新，你的皮肤细胞也在不断改变，生命功能所依赖的蛋白质分子也处于持续的降解和再生的动态过程中。不过，我们该如何解释生命系统这种转瞬即逝的动态性呢？事实上，这是一个最容易理解的生命特征。回顾一下我们在复制群体和喷泉之间做过的类比。尽管组成喷泉的水滴在不断地更新，但喷泉本身是稳定的（性质维持一致）。水滴不同，喷泉却依然如故。这种说法对于任何一个复制个体而言都是成立的。因为复制反应不可持续，所以无论被复制的物质是什么，只有复制因子的生成速度和分解速度能够维持基本平衡，复制系统才能保持稳定的状态。这一点对于分子、微生物、猴子或是任何一个复制体而言都是成立的。换言之，能够稳定存在的是群体，而组成群体的个体则在持续地更新换代。这种持续更新的现象在不同的复杂性层级上发生——细胞中的分子在不断更新，有机体中的细胞在不断更新，当然，有机体本身也在不断更新。这一事实阐明了死亡在整个生命过程中所承担的角色。2005 年，科技创新者史蒂夫·乔布斯（Steve Jobs）在斯坦福大学的毕业典礼上发表演讲：

> 没有人希望死去。即便是那些想上天堂的人也不希望通过死亡来实现自己的愿望。不过，死亡是我们所有人的终点。没有人能够逃离死亡。但这是理所应当的，因为死亡极有可能是生命最好的发明。它是生命改变的媒介。它清除衰老的个体并为新生的事物提供空间。现在你可能是年轻的，但你将逐渐衰老，并且被清除出去。如果这样说显得很过分，我在此表达我的歉意，但事实的确如此。

死亡不仅仅是发生在我们这些生命体上的一件坏事。死亡是生命策略的一部分。想要长生不老吗？这种说法本身就是矛盾的。永恒的生命并不存在，因为短暂和动态性就是生命的基础。

生命的多样性

虽然达尔文理论可以将所有生命体联系起来，但是生命多样性的来源却仍然是一个未解之谜。根据我们在第 1 章中的讨论，达尔文在这个关键问题上也没有把握。达尔文在《物种起源》中提出了分歧原理，但是该原理是独立于自然选择原理还是从其中衍生而出的，这个问题依然没有确切的答案。有趣的是，这个问题依然吸引着生物学家们。不过，我们提出的以动力学稳定性为基础的生命理论，似乎可以为这个问题提供一个解决方案。原来，理解生命多样性的关键在于两个化学世界的**拓扑结构**——“常规”的世界和复制世界，以及这两个世界之间的差异。下面让我来解释一下。

前文已经解释过，所有的系统都将朝着各自最稳定的形式发展。这意味着，由同一物质组成的不同化学系统，最终将到达同一个状态。这就像许多球从山坡上不同的地点滚下来，最终将停在同样的终点——山谷的最低点一样。如果你取任意烃类物质的混合物（烃是由氢原子连接起来的碳原子

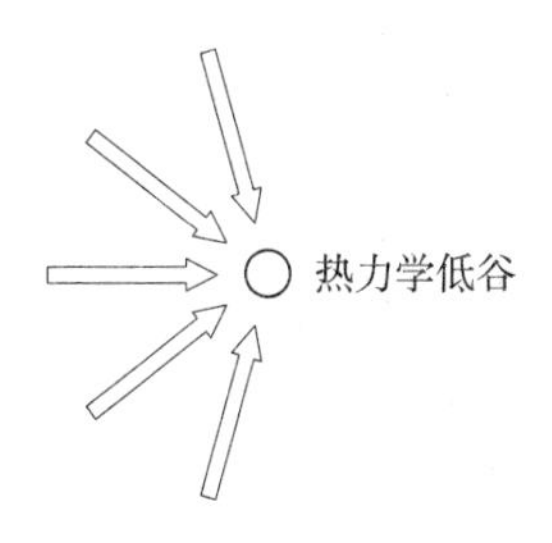

(a)“常规”化学空间的聚合特质

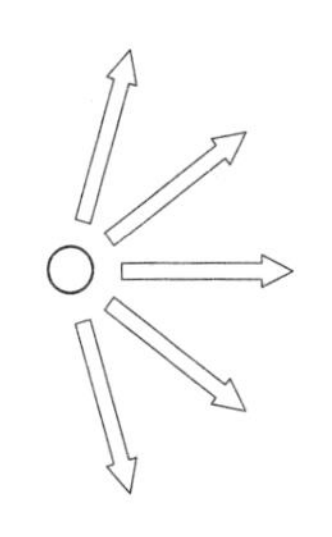

(b) 复制因子空间的发散特质

图 7 “常规”化学空间（聚合特质）和复制因子空间（发散特质）内的分支示意图

链，我们可以在汽油中发现这种物质），然后使这个混合物与氧气进行燃烧反应，那么该反应的产物是二氧化碳和水。无论你的反应物是哪种烃，得到的产物都是二氧化碳和水，因为这是碳原子、氢原子和氧原子最稳定的混合形式。所有烃和氧气的混合物都将聚合为二氧化碳和水。这个结论可以推广到整个化学系统中，那么我们可以说将“常规”化学世界中的物质连接起来的网络是**聚合型**的，正如图 7（a）中所展示的那样。“条条大路通罗马”，所有化学反应都指向所谓的“热力学低谷”——对该原子组合而言能量最低的状态。这也是化学家们能够时常预测出化学反应结果的原因，只要根据这个规律，他们便能判断化学系统“想要”朝着哪个方向发展。

现在，让我们来看看复制系统的世界。复制系统不同于

"常规"的化学系统。"常规"的化学系统通常被认为是封闭的，而复制系统则随时都要保持着开放的状态，这样才能保证复制反应的顺利进行。开放的状态意味着在复制反应过程中，该系统需要外界源源不断地供给反应所需的物质和能量。换言之，不同于发生在封闭环境中的"常规"化学反应，一个复制反应必须对其所处的环境保持开放。这种差异导致增强动态动力学稳定性的路径是**发散型**而非聚合型的，如图7(b)所示。为什么会这样？因为增强动态动力学稳定性的路径取决于此时此地可用的资源，而且从理论上来说，任意数量的不同路径只要可以获得（从动态动力学角度而言）更稳定的系统，就都是可行的。比如，某个复制因子X可以与分子Y共同组成一个比单独的X更稳定的X/Y系统，但是X也能与另一个分子Z配对形成一个稳定的X/Z系统。复杂化路径的各种可能性导致了多样性的形成。所有稳定的复制系统都会不断进行复制，偶尔会发生变异，也会不断地复杂化。这样系统就可以在复制世界中搜寻更有效的复制因子。复制世界中的拓扑结构从本质上来说是发散的。

两个世界不同的拓扑结构造成了耐人寻味的结果。它不但能解释生命的多样性，还能解释我们为何能通过回溯过往寻找进化源头。一个朝前发展的**发散型**拓扑结构，如果朝后推导，那么这个结构将变成**聚合型**。正是这种聚合型拓扑结构，使得我们能够通过系统发育学分析和化石记录来探寻远古的进化史，并使人们推断出所有生物都能被归类到古菌、细菌和真核生物这三个界中，让我们能通过追溯地球上生命的历史来寻找所谓的最后共同祖先。当然，这也意味着我们对于进化将把我们带往何处一无所知。这就好像站在一个没有标识的岔路口上。正如著名体育明星约吉·贝拉（Yogi Berra）所言："如果你不知道你要去哪儿，那么最终你将到达别处。"由此，我们便简明地解释了"常规"系统和复制系统不同的反应模式与时间（向前或是向后）的关系。[63,64]

生命的纯手性

我们在前面谈到过，生命的纯手性（指仅由一种手性分子构成）特质带来了两个层面的难题。首先，生命的纯手性特质是如何从一个本质上是异手性的世界中产生的？其次，鉴于纯手性不如异手性稳定，那么生命的纯手性特质是如何维持的？我们已经从书中了解到，生命之所以可以在地球上出现，一个关键因素是自催化反应的巨大动力。而这一点也恰好可以用来解释为何纯手性的生命系统会从一个异手性的环境中意外产生。一般来说，如果我们通过化学反应将一个非手性物质转化为手性物质，那么最终产物将由等量的左旋和右旋两种构型组成。不过，著名的日本化学家硖合宪三

（Kenso Soai）在 1995 年得到了一个重大的发现。[65] 在某些情况下，我们有可能通过非手性的起始物质得到纯手性的产物。系统的对称性被打破了，这样的结果令人惊讶。这就像是扔了 1 000 次硬币，结果却有 999 次正面朝上而只有 1 次背面朝上！难怪硖合宪三出人意料的研究结果引起了轰动。换言之，虽然人们多年以来都认为从非手性的环境中产生纯手性的系统从物理上来说不合理，但现实证明这是可能的。那么这一点和生命的出现又有什么关系呢？

硖合宪三所研究的化学反应以**自催化**的方式进行，因此反应的产物呈指数增长。这便能解释这个出人意料的结果。如果在反应混合物中，刚开始有一种手性产物稍稍过量，那么在自催化反应惊人的放大作用下，这种产物最后的纯度将非常接近百分之百。换言之，正因为复制是自催化的，所以一个具有自催化反应特点的系统才能诱发纯手性的形成。关于这种反应详细的解释比较有技术性，不过其最基本的特点却很直截了当：**复制反应的动力与生命的出现息息相关，而生命另一个惊人的特点——纯手性特质也很有可能与之相关。**生命谜题的碎片确实可以拼凑在一起。这多么让人满足啊！

我们已经解释了纯手性是如何从非手性环境中出现的，不过如果纯手性从本质上来说不如异手性稳定，那么纯手性的状态又是如何维持的呢？这个问题和前面几个生命的难题一样可以通过动态动力学的概念来解答。不错，仅具有一种手性构型的系统不如异手性系统稳定，但是这个结论只在热力学角度成立。根据我们的讨论，在复制系统中真正起作用的是动态动力学稳定性。在这一情况下，纯手性比异手性系统更加稳定。生物反应必须具有高度的精确性，这意味着反应分子之间将以“钥匙配锁”这种精准的配对方式进行互动，这种方式只有在纯手性系统中才可以实现。如果系统是异手性的，那么最终将有一半的“钥匙”无法和“锁”配对！因此，纯手性系统的复制效率要高于异手性系统，造成的结果就是纯手性系统展现了显著的动态动力学稳定性。

生命的目的性特征

在第 1 章中，我们详细探讨了一些了不起的生命特质。我们还记得所有生物的结构和行为都指向一个明确而难以避免的结论——所有生物都有某种“目的”，生物的行为都为其自身服务。为什么会这样呢？为什么当物质以生物的形式组织起来时，它们所遵循的规律似乎与非生命系统不同？物质为什么会有目的？让我们来看看动态动力学稳定性的概念能否帮我们解决这个谜题。回顾一下简单复制系统中的反应，比如说一个复制分子在反应的时候会遵循热力学的指引，就像一辆没有引擎的车遵循着重力的作用一样，反应只能朝着

“下坡”的方向进行。不过，一旦复制体具有了获取能量的能力，那么该复制体就能摆脱热力学的束缚并遵循增强动态动力学稳定性的**动力**指引。根据前面的讨论，一个能够获取能量的复制体就像一辆有引擎的车，也能够朝着“上坡”运行。这意味着可以获取能量的复制系统似乎有了某种目标。该系统的行为仿佛有了目的性，因为它并非只有一条“下坡”的热力学路径（也就是所谓**“客观”**的行为）。它将走上增强系统动态动力学稳定性的道路，尽管这条路有时需要朝“上坡”的方向运行。换言之，一旦复制因子具有了获取能量的能力（作为使得系统更复杂也更稳定的复杂化过程中的一环），我们就可以将该系统接下来的复制行为理解为具有某种**目的性**。[66] 莫诺提出的悖论——具有目的性的系统如何能够从客观宇宙中诞生，现在看来是动力学和热力学的指令在化学反应中相互作用的结果。在“常规”的化学世界中，热力学起主导作用从而导致了所谓**客观**的行为。在复制世界中，动力起主导作用，因此物质在其中的行为**看似**具有了目的性。

意识

还有一些我们尚未触及的重要生命问题，例如意识。“意识”自然是生命的特质，但它却不是最关键的，因为该特点仅与高等生命形式有关。因此，我们还没有处理这个问题。

尽管如此，我们还是应该谈一谈意识的问题，这起码可以展示我们对生命其他特质的了解是多么有限。在此前提下，我们可以通过进化的历程来思考意识的现象。进化指的是在朝着更高效的复制系统发展的驱动力下，充分利用物质所有性质的过程。进化在必要的时候将充分利用物质的坚硬性，比如骨骼；有时也会利用物质的韧性，比如软骨；以及物质的流动性，比如血液；物质的透明性，比如晶体蛋白（这种蛋白质是组成晶状体的物质）；还有物质携带电荷的能力等。不过，某些在特殊组织中的物质有一个更加了不起的特性——意识。这的确是一个非凡的特质——物质可以有自我意识。正如进化发现了物质的其他性质一样，这个性质也在进化不断搜寻稳定复制体的过程中被利用了起来。如果我们希望理解意识及其基础，那么我们需要研究它的源头——最基本层面的神经活动，然后逐步追踪这个现象发展到高级阶段的过程，直到最后发展到人类的情况。这和我们研究自然发生问题所采取的方法是一样的——从简单的情况开始。关于这个问题，未来还有迷人的科学旅程等待着我们去探索。

外星生命是什么样子?

在用化学术语解释了生命的普遍特性后，我们现在可以提出另一个问题：外星生命是什么样子？我们相信地球上的生命是从非生命物质中产生的，那么我们自然可以推测只要有适宜的条件，生命也可以出现在宇宙中的其他地方。外星生命自然可以具有同样的分子基础——“核酸-蛋白”的协作，但是我们也不能排除其他的复制组合。现在我们明白，能够催化其自身复制的长链状分子是生命的基础，这些分子和其他具有催化功能的链状分子将经历一个复制、变异和复杂化的连续过程。不过，我们没有理由认为除了“核酸-蛋白”之外，其他化学物质的组合不能产生同样的结果。事实上，根据我们对化学的了解，我们知道化学性质通常与某类物质而不是单个物质有关。所以，至少从理论上来说，我们可以推测生命过程所依赖的是一组**同一类型**的物质。那么，如果生命确实在其他星球上出现了，而且这种生命形式所依据的生物化学基础不同于地球上的情况，我们的生命理论能够解释这种生命的产生吗？我认为可以。简单来说我的答案是：其他星球上的生命将与地球上的生命极其相似！

我这样说有些投机取巧，因为生命的多样性为我们呈现了大量不同的形式，从微小的细菌到巨大的蓝鲸，各种形式应有尽有。所以，任何外星生命形式都很难让我们觉得它们在外形上和地球上的生物有什么根本的差异。它们起码不会比地球上现存的许多生命形式看上去更像外星生物。但更关键的是，生命的形态特征似乎以生物的生存需求为基础，而并不是受到其背后化学规律的左右。由玻璃纤维、铝或者钢铁制成的汽车看上去都差不多，因为它们的外观是由汽车运行要实现的功能所决定的。无论汽车由什么材料制成，它们都需要一个外壳来容纳发动机并保证乘客的空间；它们都有车窗，这样司机才能看清前方的路途；它们还有轮胎，这样可以减少与地面的摩擦。无论这些汽车是在美国还是在中国生产的，车窗是玻璃的还是塑料的，引擎是供电还是烧油——这些因素都不会影响到汽车的外观特点。同样的道理，如果外星生命并非从核酸类的复制体中诞生，却依然能够经历复杂化的过程并朝着增强动态动力学稳定性的方向进化，那么，以核酸为基础发现的生物化学概念可能对这些生命形式同样适用。外星生命具体发展到了哪一步，则取决于它们的进化程度。它们也许已经展现出了网络的特质，可能也发觉了细胞结构复制的意义，并且将能够进行复制和代谢的细胞功能单位整合了起来。我们提出的生命理论并非基于物质而是基于过程。因此，在控制生命的特征方面，物质的性质是次要的，甚至是无关紧要的。

合成生命

下面我们将面临的是最引人入胜的问题——我们该怎样合成简单的生命系统？这个问题没有简单的答案。如果说本书的生命理论给我们带来了什么启发，那就是合成具有基本生命性质的个体，哪怕是原始细胞，都面临着巨大的困难。下面我们将分析一下有哪些难点。首先，我将描述一些观察得到的现象。

生命和非生命系统之间的关系至少在一个方面显得特别有趣。将生命系统转化为非生命系统是那么轻而易举，而我们都清楚地知道这个过程是不可逆的——生命很容易被摧毁，但是（从化学的角度而言）难以合成。这个简单的事实本身具有丰富的内涵。合成生命系统的难题不在于物质，而在于组织方式。即便具备所有活细胞的组成成分，将这些物质组合起来，从而形成一个有生命的个体依然非常困难。问题的关键在于，生命是物质的**动态**状态，这意味着组成活细胞的生物分子处于不断变化中。我们可以用一个简单的比方来表现生命的动态性质，那状态就像是杂技演员同时抛接数个球。从物质的角度而言，动态的球和地上静止的球是一样的球。不过，它们之间的差异也是巨大的。要使杂技演员从抛球的状态转变为静止的状态很容易，你只要猛地推他一把就行了。

这时，那些球不再运动而是静止在地面上。男人和身旁静止的球，这情景就像是死亡的隐喻。而要让这个过程反向进行当然是困难的。我们不能一次性朝一个人扔 5 个球，然后指望他立马就能开始抛球的杂技表演。这样做是行不通的。同理，如果你将所有活细胞的组成成分混合在一起，得到的结果并不会是一个活细胞。即便所有的部件都安放到位了，你最多只能得到一个**死细胞**。你得到的是一堆东西——一个热力学聚合物。要知道，活细胞都处于动态、远离平衡态的状态，就像为了维持悬空的状态不断扇动翅膀的鸟儿一样。简单地将能构成完整动态生命系统的组成成分拼凑在一起，并不能产生具有独特组织形式和动态性的生命体。

那么让我们回到杂技演员的类比上，来看看有什么可行的策略。杂技演员如何才能进入表演的状态呢？答案是：一步一步来。刚开始的时候，杂技演员先抛掷两个球，然后是三个，再这样逐步增加到四个、五个。从简单的情况开始，然后一点一点地增加复杂性。这正是进化的做法——逐步地从简单且不稳定的状态发展为复杂而稳定的状态。那么，该如何创造生命呢？应该从复杂性较低的层次开始，由此进入复制的动态状态，然后再逐步发展。当然，这说起来容易做起来难。不过，不要被生命的形态所迷惑。即便是最简单的生命形式，也绝不仅仅是被包裹起来的复制体。如果还有更简单的生命形式存在，那么照理说我们可以从各种复制的可能性和过往的情况中发现这种生命形式，但现实是我们并没有任何发现。这种生命体的缺席有力地说明了这在物理上并不可行。生命是动态的，如果人们能够合成具有生命动态性的化学系统，那么这将是一个重大的飞跃。近来，格罗宁根大学的系统化学家斯伯伦·奥托和一位博士生埃利奥·马蒂亚开始探索合成这种动态动力学稳定的化学系统的方法。不过，这一研究将面临巨大的挑战。我的结论是，合成具有生命特质（主要是持续自我复制的能力）的简单化学聚合物，目前来说是一个极具野心的目标。

生命如何出现?

我们在前面的章节中强调过，如果想要理解生命是什么，我们就必须理解生命出现的过程。我们在这个问题上有什么发现呢？有赖于近来系统化学研究的发现，至少我们已经很大程度上解决了非历史层面的生命起源问题。我们有理由相信自然发生阶段和达尔文主义进化实际上是一个连续的过程。因此，如果我们相信我们已经理解了生物的进化（广义而言我们已经实现了这一点），那么我们同样也理解了自然发生过程。历史层面的问题包括——“何时”、“何地”

和“是什么”等问题，这些问题在可见的未来将继续吸引并困扰着我们，因为科学研究和推理在研究历史问题方面的能力十分有限。不过，达尔文进化理论中的历史细节——什么物种生活在什么时代，对于我们整体的理论框架而言是次要的。因此，关于生命出现的历史细节虽然十分引人入胜，但并不是那么重要。“生命如何出现”这个基本问题的答案确实存在，而且也惊人地简单：地球上的生命产生于某个简单复制系统中复制反应带来的巨大动力，这些简单的复制系统由一些简单的链状低聚物所构成（如 RNA 或类似于 RNA 的物质），这些物质能够变异和进一步复杂化。复杂化过程之所以会发生，是为了提升系统的稳定性——不是热力学稳定性，而是适用于复制世界的动态动力学稳定性。这个解释令人满意的一点是它（从非历史角度）解决了生命起源的问题，而且与查尔斯·达尔文重要的生物进化思想无缝衔接。事实上，生命从地球上诞生的问题可以理解为对达尔文生命进化理论的重塑和拓展，这样该理论就能将分子系统也包括进来。通过将进化的核心生物概念重新解读并“翻译”为相应的化学概念，我们可以明确地发现自然发生阶段和生物进化确实是同一个化学过程。

当然，正如我们前面所指出的那样，这个解释不能告诉我们 40 亿年前地球上究竟发生了哪些事件。但是，即使是达尔文的进化理论也没有向我们描述最早的生命形式发展到如今复杂多样的生物世界的具体历史过程。该理论的目标不在于此。补充完善历史记录的工作应当由古生物学和系统发育学完成。达尔文的贡献在于阐明非历史规律，他向我们展现了生物进化是一个自然的过程，所有生命体都相互关联并且有着共同的祖先。而自然选择这个简单的机制对变异复制因子所起的作用，解释了进化过程的根基。我们在此强调的是达尔文的结论可以延伸到非生命物质的领域，这样我们就可以用一样的非历史方法来解决自然发生阶段的问题。我们惊讶地发现达尔文凭借着他的天才，早已预见到自己提出的进化规律可能导致的结果。1882 年，达尔文在一封寄给乔治·沃利克的信中写道："根据连续性原理，未来生命的法则可能会被证明是某种普适规律的结果或者一部分。"这段评论准确而清晰，可以说是极具洞见。当时，达尔文并不了解复制分子、动力选择、生物的遗传机制抑或杰拉尔德·乔伊斯、君特·冯·凯德罗夫斯基、礼萨·加迪里（Reza Ghadiri）、戈嫩·阿什克纳西和斯伯伦·奥托等优秀化学家们的系统化学实验。不过在达尔文写下这封信一个多世纪后，他的评论再次被证明是正确的。

作为网络的生命

阐明了非生命物质转化为生命体过程中的核心问题后，我们现在可以讨论生命体另一个有趣的关键特征——网络特征。这一特征对生命的本质有着极大的影响。我们知道生命的开端很简单，然后逐渐变得复杂。不过，“复杂化”究竟意味着什么？答案就是：网络的形成——从相对简单的反应网络变得更加复杂。这些网络的本质在于它们完全是自我复制的。那么，生命不过就是具有自催化能力的高度精密的化学反应网络，如前所述，这样的网络从简单的状态逐步发展而来。其背后的驱动力是什么呢？根据前面的讨论，是增强动态动力学稳定性的冲动，这种冲动有赖于复制反应的动力，也使得复制的化学系统发展为更复杂和更稳定的形式。现在，我们找到了复杂化过程的真正本质——网络的形成。复杂化和网络的形成，这二者实际上是一回事。从这个角度来看，生命是一个过程而非物体。或者就像卡尔·乌斯和奈杰尔·戈登费尔德（Nigel Goldenfeld）最近所说的那样：“生物学研究的不是已经存在的生命，而是如何成为生命。”[67] 那么网络又是在什么介质中建立起来的呢？介质就是那了不起的溶剂——水。水是宇宙的汁液，它独特的性质对于建立起生命的反应网络具有重要的意义。[68,69]

我提出生命是化学反应所构成的网络，不过，我们环顾四周就会发现，网络似乎是由个体单位——细胞所构成。细胞被我们言之凿凿地称为“生命”的最小个体。生命体包括单细胞个体以及由许多单个细胞组成的多细胞有机体。不过，生命网络的观点引发了一个有趣且与之密切相关的问题：**个体生命形式真的存在吗**？个体生命似乎确实存在，至少我们身边就有许多个体生命的例子——鸟、蜜蜂、骆驼、人类和以细菌为主的单细胞生物，它们似乎都在各自独立地行动。但是，“独立性”不像我们想象的那样明确。被我们视作独立生命体的可能是不断扩张的生命网络中的一环。让我们再来看看细菌等单细胞生物。根据前面的讨论，一些细菌群落事实上可以从单细胞形式（一群单个的细胞）转变为多细胞形式。在此情况下，细菌将融合成为原生质团，这种现象通常发生在资源稀缺的情况下。无论这些细胞相互连接抑或是独立存在，它们之间都在不断通过化学交流来协调其行为。细菌生物膜是细菌协作的另一个例子。细菌的行为突显出了生命的网络特质。细菌的基因决定了它们以**群体**而非**个体**的形式存在。与其说细菌是一系列的个体，倒不如说它们构成了一个网络。

近来，关于现代细胞进化过程的思考也同样符合这个基本模式。卡尔·乌斯认为早期细胞具有高度的群体性，它们的进化主要依赖水平基因转移而实现。[70] 换言之，早期生命就是由简单聚合物紧密连接而成的复制网络。不过，这些网络继续进化并复杂化，然后发展为更松散的模块形式。这就是细胞作为独立生物个体的诞生。这一转变具有重要的意义——我们可以将其视为一个新的阶段。生物从群体性到个体性不断增强的形态变化过程开启了一系列新的进化可能。这种转变具有明显的优势，一个复制网络中的组成单位如果独立性更强，那么这个网络比起内部相互联系紧密的网络更能抵抗外部的攻击。对于内部联系紧密的网络，我们只要攻击其中的一环，整个网络都将受到损伤，因为每一个环节对于网络的复制而言都至关重要。但是，如果一个网络由能够自我复制的单位构成，那么这种网络的结构更松散，也更模块化。即使损坏该网络中的某些组成单位，它也许还能继续存活。**这意味着个体性是生命的策略，而不是生命的特征**。所谓的“个体性”只是进化为了增强系统的复制能力和抵抗力所采用的一种手段。网络的视角能够改变我们思考生命的方式，并且也再度证实生命现象应该被理解为一个**过程**，而非一种**形式**（形式只是对过程的偶然呈现）。这样看来，生命的过程（复制的过程）为了实现其复制目标的最大化，可谓是“无所不用其极”。如果群体性可以带来最大化的效应，生命过程就会选择这一性质；而一旦个体性（物理上独立的个体）更有优势，那么被选择的就是个体性。一切都是为了在特定的时间地点里获得最好的结果。

那么个体性在多细胞系统里又承担了什么角色呢？当然，人们可以举出直接而明确的例子来。不过，“个体”的界定在这种情况下同样充满了问题。以我们人类为例，每个人都由数以亿计的独立细胞构成。这些细胞种类繁多，数量也大约达到了 10^{13} 的数量级。但惊人的是，人体内存在的细菌细胞数量是人类细胞的 10 倍。从数量的角度来看，我们的细菌属性比人类属性还要强！数以亿计的细菌（包括几百个不同的物种）寄居在我们的肠道、体腔和皮肤上。每个人都是一个超有机体—— 一个巨大的网络，而不是简单的有机体。[71] 这些细菌对人体的健康至关重要，因此它们最近被人们称为“被遗忘的器官”！[72] 关键在于，每个人和其他所有多细胞生物一起构成了一个生态网络，而不是孤立的生命体。实际上，至少从人类的角度而言，关注生命的网络特质而非个体特质可以帮助我们从全新的角度来理解疾病和防治疾病。

那么植物中的情况又如何呢？植物的个体性同样值得怀疑，因为它们也是广阔生态网络中的一环。植物和动物一样，其新陈代谢也有赖于细菌的作用，不过二者中具体的机制有所不同。植物利用氮进行蛋白质的合成，不过大气中的氮具有惰性，因此不能直接被利用。是土地中和植物根部的细菌使植物能够获取可以直接利用的氮。现在，我们发现生命就像是一套“你中有我”的俄罗斯套娃，它们和其他套娃共同构成了一个网络，而不仅仅是一系列的个体进行简单的互动而已。即便是人类肠道中的细菌也未必是复制链上的最后一环，这些细菌本身可能是其他更简单生命形式（如病毒）的宿主。病毒不具有新陈代谢的能力，它们只能利用宿主细胞的代谢能力进行复制。那么病毒就是复制链末端了吗？生命中永远充满出人意料的情况。最近，人们发现自然中存在大量的巨型病毒，有些病毒的尺寸甚至比细菌更大。有趣的是，研究表明这些巨型病毒本身也可以被更小的病毒侵染。就像俄罗斯套娃一样，你永远也不清楚究竟哪一环才是最后一环。复制化学中充满令人意想不到的迂回曲折。

以上就是分析生命网络下游的结果。不过，如果我们从人类开始回溯到网络的上游，我们会发现人类个体首先属于一个核心家庭，核心家庭又是大家族的一部分，家族属于地方群体，而地方群体则是人类组织的一部分。生命网络在任何一个层次的功能都取决于该网络上游和下游的功能。生命网络具有不同层级的复杂性，个体所代表的不过是网络中某个特定层级的复杂性。举一个“性”方面的例子，这个话题总是能吸引人们的注意力。“性”告诉我们，我们作为具有性特征的个体从繁殖的角度而言是不完整的。从生物学的角度出发，我们实际上并没有个体性，个体是没有未来的。正因如此，我们才会强烈而迫切地关注“性”的话题。此外，我们在情感方面同样是不完整的，各种心理因素将我们与人类网络联系了起来。我们渴望与他人共处。我们认为每个人都是独立的个体，但事实上所有人类是一体的。我们认为自己独一无二，但我们不过是网络中的一环罢了。因此，地球上无处不在的生物圈不应该被视为数以亿计的独立生命形式，而理应被视为一个不断扩张的生命网络。复制的冲动会千方百计地寻找新的方式来扩展这个网络并让它进行复制。显然，根据前面的讨论，提出一个关于独立生命体的准确定义是颇有难度的。个体是否必须具有独立繁殖的能力呢？这样的话，任何具有性征的个体（譬如你、我）都不符合这个定义的要求。如果一个生命体和其他复制体有着共生关系，没有这些复制体的帮助它将无法繁殖，甚至不能生存，那么这个生命体能算得上是个体吗？在这个巨大的复制网络中，即使某些部分看上去似乎是独立的，这也通常不过是虚幻的表象罢了。

生命的网络特性可以帮助我们解决近年来常被提起的一些生命问题。根据书中的生命理论，复制是生命的关键。那么骡子或不育的兔子都不能进行繁殖，这是否意味着它们不能算是“活着”的呢？不过事实是这两种动物确实活着。它们虽然不能繁殖，但却依然属于这个复制网络，它们只不过是位于链条末端而已。一条止于死胡同的路仍然是一条路，也仍然是道路网络中的一部分。骡子是复制个体，并非因为它们可以繁殖（它们不可以繁殖），而是因为它们的存在完全有赖于复制过程。那么病毒的情况又如何呢——它们能算活着吗？我们可以就这个问题展开漫长的辩论，但最终的答案则取决于我们如何定义生命体。很明显，病毒缺乏一些关键的生命特征，比如独立进行新陈代谢的能力。尽管如此，病毒毫无疑问是生命网络中的一部分。对于病毒而言，“活着”更像是一个语言学或是哲学问题，而不是科学问题。

化学和生物学的融合

本书的目标是解答生命的核心问题（其中包括薛定谔所提出的经典问题）。现在这些问题的答案终于触手可及了。以归纳推理为代表的科学方法通过其强有力的作用彻底改变了我们的生活和我们对世界的理解，这种程度的巨变在一百年前是难以预见的。从达尔文对生物学思想的变革到近来系统生物学激动人心的发展，有赖于过去 150 年里非凡的科学成就，生物学和化学终于融为一体。现在，我们距离达尔文主义变革的终极目标越来越近。达尔文在 130 年前早已预见了这一目标——生命科学与物理科学的融合。这两种科学的融合意味着，虽然科学本身具有局限性，我们依然可以在其限制范围内去理解“生命是什么”，“生命为什么会出现”，以及“人类作为生命之树上一根小小的枝丫，如何与地球上其他生物一起与物质世界和整个宇宙发生关联”。既然在达尔文的笔下生物之间的关系是如此严酷，为什么我们还是这样密不可分？为什么从更深刻的角度而言，我们实为一体？生物之间的联系能否成为被斯蒂芬·霍金称为“中等大小星球上的化学废料”的人类未来的希望之光？这只有等时间来告诉我们答案了。

索　引

尾 注

1 Woese CR, A new biology for a new century. *Microbiol. Mol. Biol. Rev.* 68: 173–86, 2004.

2 Dawkins R, *The Blind Watchmaker*. Norton: New York, 1996.

3 Gold T, The deep, hot biosphere. PNAS 89: 6045–9, 1992.

4 Proctor LM, Karl DM, A sea of microbes. *Oceanography* 20: 14–15, 2007.

5 Soshichi U, Darwin's principle of divergence. <http://philsci-archive. pitt. edu/1781/1/PrDiv.pdf>, 2004.

6 McShea DW, Brandon RN, *Biology's First Law: The Tendency for Diversity and Complexity to Increase in Evolutionary Systems*. University of Chicago Press: Chicago, 2010.

7 Haeckel E, *Die Radiolarien (Rhizopoda Radiaria): Eine Monographie.* Druckund Verlag Von Georg Reimer: Berlin, 1862; cited in Pereto J, Bada JF, Lazcano A, Charles Darwin and the origin of life. *Orig. Life Evol. Biosphere* 39: 395–406, 2009.

8 Bohr N, Nature 131: 458, 1933; cited in Yockey HP, *Information Theory, Evolution, and the Origin of Life.* Cambridge University Press: Cambridge, 2005.

9 Schrödinger E, *What is Life?* Cambridge University Press: Cambridge, 1944.

10 Monod J, *Chance and Necessity*. Random: New York, 1971.

11 Watson JD, Crick FH, Genetical implications of the structure of deoxyribonucleic acid. *Nature* 171: 964–7, 1953.

12 Popper K, Reduction and the incompleteness of science. In Ayala F, Dobzhansky T, eds., *Studies in the Philosophy of Biology*. University of California Press: Berkeley and Los Angeles, 1974.

13 Crick FHC, *Life Itself.* Simon and Schuster: New York, 1981.

14 Popa R, Between *Necessity and Probability: Searching for the Definition and Origin of Life*. Springer: Berlin, 2004.

15 Dyson FJ, Colloquium at NASA's Goddard Space Flight Center, 2000.

16 Kunin V, A system of two polymerases—a model for the origin of life. *Orig. Life Evol. Biosphere* 30: 459–66, 2000.

17 Arrhenius G, Short definitions of life. In Palyi G, Zucchi C, Caglioti L, eds., *Fundamentals of Life*, 17–18. Elsevier: New York, 2002.

18 Hennet RJC, Life is simply a particular state of organized instability. In Palyi G, Zucchi C, Caglioti L, eds., *Fundamentals of Life*, 109–10. Elsevier: Paris, 2002.

19 Cleland CE, Chyba CF, Defining life. Orig. *Life Evol. Biosphere* 32: 387–93, 2002.

20 Macaulay TB, *Critical and Historical Essays*, vol. iii. Project Gutenberg eBook #28046, 2009.

21 Ayala FJ, Dobzhansky T, eds., *Studies in the Philosophy of Biology: Reduction and Related Problems*. Macmillan: London, 1974.

22 Noble D, *The Music of Life*. Oxford University Press: Oxford, 2006.

23 Brenner S, Sequences and consequences. Phil. *Trans. R. Soc. B* 365: 207–12, 2010.

24 Weinberg S, *Dreams of a Final Theory*. Vintage: New York, 1994.

25 Crick FHC, *Of Molecules and Men*. University of Washington Press: Seattle, 1966.

26 Cornish-Bowden A, *Perspectives in Biology and Medicine* 49: 475–89, 2006.

27 Mills DR, Peterson RL, Spiegelman S, An extracellular Darwinian experiment with a self-duplicating nucleic acid molecule. *PNAS* 58: 217, 1967.

28 von Kiedrowski G, A self-replicating hexadeoxynucleotide. *Angew. Chem. Int. Ed. Eng.* 25: 932–4, 1986.

29 von Kiedrowski G, Otto S, Herdewijn P, Welcome home, systems chemists! *J. Syst. Chem.* 1: 1, 2011.

30 Dawkins R, *The Selfish Gene*. Oxford University Press: Oxford, 1989.

31 Grand S, *Creation*. Harvard University Press: Cambridge, MA, 2001.

32 For recent comprehensive reviews on the origin of life see: (a) Luisi PL, *The Emergence of Life: From Chemical Origins to Synthetic Biology*. Cambridge University Press: Cambridge, 2006; (b) ref. 14; (c) Fry I, *The Emergence of Life on Earth*. Rutgers University Press: Piscataway, 2000.

33 Wacey D, Kilburn MR, Saunders M, Cliff J, Brasier MD, Microfossils of sulphur-metabolizing cells in 3.4-billion-year-old rocks of Western Australia. *Nature*

Geoscience 4: 698–702. doi:10.1038/ngeo1238, 2011.

34 Mojzsis SJ, Arrhenius G, McKeegan KD, Harrison TM, Nutman AP, Friend CRL, Evidence for life on Earth before 3800 million years ago. *Nature* 384: 55–9, 1996.

35 Hanage WP, Fraser C, Spratt BG, Fuzzy species among recombinogenic bacteria. *BMC Biology* 3: 6, 2005; Papke RT, Gogarten JP, How bacterial lineages emerge. *Science* 336: 45, 2012.

36 Woese C, Interpreting the universal phylogenetic tree. *PNAS* 97: 8392–6, 2000.

37 Miller SL, A production of amino acids under possible primitive earth conditions. *Science* 117: 528–9, 1953.

38 Waechtershaeuser G, Groundwork for an evolutionary biochemistry: the iron-sulphur world. *Prog. Biophys. Mol. Biol.* 58: 85–201, 1992.

39 Cairns-Smith A, *Genetic Takeover and the Mineral Origin of Life*. Cambridge University Press: London, 1982.

40 Powner MW, Gerland B, Sutherland JD, Synthesis of activated pyrimidine ribonucleotides in prebiotically plausible conditions. *Nature* 459: 239–42, 2009.

41 Szostak JW, Bartel DP, Luisi PL, Synthesizing life. *Nature* 409: 387–90, 2001.

42 Kauffman SA, *Investigations*. Oxford University Press: Oxford, 2000.

43 Dyson FJ, *Origins of Life*. Cambridge University Press: London, 1985.

44 Eigen M, *Steps toward Life: A Perspective on Evolution*. Oxford University Press: Oxford, 1992.

45 Gesteland RF, Atkins, JF, *The RNA World: The Nature of Modern RNA Suggests a Prebiotic World*. Cold Spring Harbor Laboratory Press: Cold Spring Harbor, NY, 1993.

46 Lifson S, On the crucial stages in the origin of animate matter. *J. Mol.* Evol. 44: 1–8, 1997.

47 Orgel LE, The implausibility of metabolic cycles on the prebiotic earth. *PLoS Biol.* 6: e18, 2008.

48 de Duve C, *Life Evolving: Molecules, Mind and Meaning*. Oxford University Press: Oxford, 2002.

49 Ganti T, Organization of chemical reactions into dividing and metabolizing units: the chemotons. *BioSystems* 7: 189–95, 1975.

50 Prigogine I, Time, structure and fluctuations. *Science* 201: 777–85, 1978.

51 Collier J, The dynamics of biological order. In Weber BH, Depew DJ, Smith JD, eds., *Entropy, Information, and Evolution*, 227–42. MIT Press: Cambridge, MA, 1988.

52 Gardner M, Mathematical games: the fantastic combinations of John Conway's new

solitaire game 'Life'. *Scientific American* 223: 120–3, 1970.

53 Voytek SB, Joyce GF, Niche partitioning in the coevolution of two distinct RNA. *PNAS* 106: 7780–5, 2009.

54 Hardin G, The competitive exclusion principle. *Science* 131: 1292–7, 1960.

55 Maynard Smith J, Szathmary E, *The Major Transitions in Evolution*. Oxford University Press: Oxford, 1995.

56 Dadon Z, Wagner N, Ashkenasy G, The road to non-enzymatic molecular networks. *Angew. Chem. Int. Ed.* 47: 6128–36, 2008.

57 Lincoln TA, Joyce GF, Self-sustained replication of an RNA enzyme. *Science* 323: 1229–32, 2009.

58 Eigen M, Schuster P, *The Hypercycle: A Principle of Natural Self-Organization*. Springer-Verlag: Berlin, 1979.

59 Saffhill R, Schneider-Bernloehr H, Orgel LE, Spiegelman S, In vitro selection of bacteriophage Q ribonucleic acid variants resistant to ethidium bromide. *J. Mol. Biol.* 51: 531–9, 1970.

60 Of course, not all life complexified over the evolutionary time frame. Microbial life was, and has remained, the most ubiquitous life form. The point is that from a world that was initially populated solely by relatively simple life forms, the evolutionary process did lead to the emergence of highly complex forms.

61 Wagner N, Pross A, Tannenbaum E, Selection advantage of metabolic over non-metabolic replicators: a kinetic analysis. *BioSys.* 99: 126–9, 2010.

62 Pascal R, Boiteau L, Energy flows, metabolism and translation. *Phil. Trans. R. Soc. B* 366: 2949–58, 2011; Pascal R, Suitable energetic conditions for dynamic chemical complexity and the living state. *J. Syst. Chem.* 3: 3, 201.

63 Pross A, Stability in chemistry and biology: life as a kinetic state of matter. *Pure Appl. Chem.* 77: 1905–21, 2005.

64 Pross A, Toward a general theory of evolution: extending Darwinian theory to inanimate matter. *J. Syst. Chem.* 2:1, 2011.

65 Soai K, Shibata T, Morioka H, Choji K, Asymmetric autocatalysis and amplification of enantiomeric excess of a chiral molecule. *Nature* 378: 767–8, 1995.

66 Pross A, How can a chemical system act purposefully? Bridging between life and non-life. *J. Phys. Org. Chem.* 21: 724–30, 2008.

67 Woese CR, Goldenfeld N, How the microbial world saved evolution from the Scylla

of molecular biology and the Charybdis of the modern synthesis. *Microbiol. Mol. Biol. Rev.* 73: 14–21, 2009.

68 Engberts JBFN, in Lindstrom UM, ed., *Organic Reactions in Water: Principles, Strategies and Applications*. Wiley-Blackwell: London, 2007.

69 Lynden-Bell RM, Conway Morris S, Barrow JD, Finney JL, Harper Jr. CL, eds., *Water and Life: The Unique Properties of H2O*. CRC Press: Boca Raton, FL, 2010.

70 Woese CR, On the evolution of cells. *PNAS* 99: 8742–7, 2002.

71 Gill RG, Pop M, DeBoy RT, Eckburg PB, Turnbaugh PJ, Samuel BS, Gordon JI, Relman DA, Fraser-Liggett CM, Nelson KE, Metagenomic analysis of the human distal gut microbiome. *Science* 312: 1355–9, 2006.

72 O'Hara AM, Shanahan F, The gut flora as a forgotten organ. *EMBO reports* 7: 688–93, 2006.